"码"上川菜

甘智荣 主编

重庆出版集团 重庆出版社

图书在版编目（CIP）数据

"码"上川菜/甘智荣主编. —重庆:重庆出版
社,2014.12（2015.04重印）
　ISBN 978-7-229-09013-5

　Ⅰ.①码… Ⅱ.①甘… Ⅲ.①川菜－菜谱 Ⅳ.
①TS972.182.71

中国版本图书馆CIP数据核字(2014)第283053号

"码"上川菜
MASHANG CHUANCAI

甘智荣　主编

出 版 人：罗小卫
责任编辑：肖化化
特约编辑：吴文琴
责任校对：廖应碧
装帧设计：金版文化·吴展新

重庆出版集团 出版
重庆出版社

重庆市南岸区南滨路162号1幢　邮政编码：400061　http://www.cqph.com
深圳市雅佳图印刷有限公司印刷
重庆出版集团图书发行有限公司发行
E-MAIL:fxchu@cqph.com　邮购电话：023-61520646
重庆出版社天猫旗舰店
cqcbs.tmall.com　直销
全国新华书店经销

开本：720mm×1016mm　1/16　印张：16　字数：288千
2015年3月第1版　　2015年4月第2次印刷
ISBN 978-7-229-09013-5
定价：29.80元

如有印装质量问题，请向本集团图书发行有限公司调换：023-61520678

P r e f a c e 前言

中华美食享誉世界，其宏富的内涵令其他国度的美食无法望其项背。在当代，中华美食呈现出多层次、开放性的一个全新格局。这样的格局在地域上被划分得相当精准，比如说比较常见的"中华八大菜系"，就分为川菜、粤菜、鲁菜、湘菜等。而川菜，占有着举足轻重的位置，扮演着无法替代的角色。

川菜是知名度极高的一类地域代表性菜系，川菜作为川人每天必吃的菜肴，如今早已被更广大范围的大众所熟悉和喜爱。川菜之所以如此受欢迎，与它的四大特色——麻、辣、鲜、香密不可分，而川菜精细复杂的烹饪技艺更是居功至伟。要烹饪出一道地道的川菜，首先需要了解其精细的选材、刀工、调料常识，其次才是烹饪过程和最后的摆盘等步骤。

要了解川菜，首先要知道川菜的主要调味品和口味。干辣椒、胡椒、花椒、郫县豆瓣、泡椒等都是必不可少的调味品，将这些调味品进行不同的搭配、不同的配比，能够配出麻辣、香辣、酸辣、椒麻、麻酱、蒜泥、红油、鱼香、糖醋、怪味等多种口味，这便是川菜能够展现出"一菜一格""百菜百味"的独家法宝。

川菜对于菜肴的色、香、味、形、功效等方面均十分重

视，这恰恰也是每个家庭和每一位烹饪爱好者，甚至是每一位厨师行业的新手都想要了解的烹饪知识。而这些知识，读者就可从本书中一一获取。

本书是一本全媒体川菜菜谱图书，依托二维码，实现了经典川菜与烹饪视频的同步结合，这是传统美食书籍一个新的里程碑。读者只需要轻轻动下手指头，那一道道充满诱惑的川菜高清视频可立马呈现。本书也依然发挥了传统纸质书籍的阅读优势，在文字和排版上更加人性化，读者翻开目录便可直接找到想要的川菜。当然，如果有兴趣的话，还可通过阅览图片来找菜，那一道道靓图中必有一些能令读者的目光为之停驻。

由于川菜文化博大精深、日新月异，无论是菜肴的品种还是烹饪技艺，涉及面非常广泛，难以一网打尽，加上编者的水平也有限，难免会出现疏漏之处，恳请广大读者和专家学者批评指正。

Contents 目录

Part 1
川菜常识

Part 2
素菜类

Part 3
畜肉类

Part 4
禽蛋类

Part 5
水产类

Part 6
凉菜类

Part 1

川菜常识

　　川菜是中国当今四大传统菜系之一，在中国众多菜肴流派中独树一帜，以其悠久的历史、浓郁的地域特色、复杂多变的烹饪技法而香飘万里，饮誉中华。川菜因起源于四川地区（包括今天的重庆）而得名，以"麻、辣、鲜、香""一菜一格，百菜百格"的特点闻名天下。川菜十分讲究菜肴的色、香、味、形，尤其在"味"上可谓下足了功夫和心思，其最大的特色便是麻、辣，在鲜、香、烫等方面更是发挥得淋漓尽致。

川菜的饮食文化

川菜风味包括重庆、成都两地以及乐山、内江、自贡等地方菜的特色，主要特点在于味型多样。

川菜系是一个历史悠久的菜系，其发源地是古代的巴国和蜀国。川菜系形成于秦始皇统一中国到三国鼎立之间；唐宋时期略有发展；从元、明、清建都北京后，随着入川官吏增多，大批北京厨师前往成都落户，经营饮食业，因而川菜得到确立。川菜长期受鲁菜和江浙菜的影响，其鲜明的风味还没有正式形成，大多是一些不含辣、麻味不强的菜。自明末以来，由北美洲一带所引进的各种辣椒，逐渐渗透到川菜的各种菜式里面，加之川蜀地区的地域特色和将近一百多年的发展，才使得"麻"和"辣"真正融入到川菜的体系中，并最终确立了今天川菜的风味。

"民以食为天"，这句出自《汉书·郦食其传》的千古名言，道出了饮食对于人类的重要性。

的确，从古至今，人类皆离不开饮食。在远古时代，人类"茹毛饮血"，还只限于果腹求生的范畴，不具备形成特定饮食文化的条件。当生产力发展到一定高度后，人类开始学习和总结经验，烹饪也得到了长足的发展，并被善良、智慧的人们归纳成丰富多彩且得到完美验证的美食制作经验。

当今，世界饮食文化呈现百花齐放、百家争鸣的热闹现象，而中国的饮食文化，是在有着五千年灿烂文明史的国度发展起来的，凝聚着中华民族的聪明才智和创造精神，是世界饮食文化的瑰宝。川菜作为中国最具代表性的菜系，无疑能够将中华饮食文化的光芒带到世界的各个角落。

川菜之所以能够享誉中外，主要有以下三个原因：

第一，川菜发祥于巴蜀之地，而今日之四川是其最大的起源地区，具有得天独厚的地理优势，其地大，其物博，令世人啧啧称奇。

四川位于长江上游，气候温和，雨量充沛，群山环抱，江河纵横。其土地肥沃，盛产粮油，蔬菜瓜果四季不断，

家畜家禽品种齐全，山岳峡谷特产鹿、獐、狍、银耳、虫草、竹笋等山珍野味，江河湖泊又有江团、雅鱼、岩鲤等珍馐美馔。

第二，川人特别讲究食物的色、香、味、形的高度统一，并不断总结烹饪智慧，推陈出新，也发明出了多种高超的烹饪技艺。

比如"味"，我们都知道，任何一道美食，滋味都是评判其价值最重要的一个因素。而川菜在研究滋味这块的成就和高度，令其他美食或者菜系不得不臣服。辣椒、胡椒、花椒、郫县豆瓣等是川菜的主要调味品，不同的配比，配出了麻辣、酸辣、椒麻、麻酱、蒜泥、芥末、红油、糖醋、鱼香、怪味等各种味型，无不厚实醇浓，具有"一菜一格""百菜百味"的特殊风味。

据不完全统计，传统的川菜在烹饪手法上，有烧、煎、干烧、炸、熏、泡、炖、烩、贴、爆、拌等多达三十八种的表现形式，如此大气磅礴，能够让当今世界上名气最大的各类美食都黯然失色。

第三，由于巴蜀之人有"尚滋味"和"好辛香"的传统，自古以来就崇尚滋味、讲求质量，加之一些名人学士对川菜的赞扬和亲自制作，就大大促进了川菜文化和烹饪技艺的普及与提高，并且造就了一批精于烹饪的专门人才，使川菜蜚声于国内外。

川菜在约两千年前的汉、晋时期，就已初具规模。两宋时期，川菜已跨越巴蜀旧疆，以独有的菜肴和饮食文化特色，先后进入当时的京都汴京（今开封）和临安（今杭州），为世人所瞩目。明代末期，辣椒从南美洲传入我国后，使川菜原已形成的"尚滋味""好辛香"的传统得到进一步的丰富和发展。到了晚清，川菜逐步形成以清鲜醇浓并重，而又以善用麻辣调味著称的独特风味。现在，川菜不仅在长江中下游及云南、贵州等地有相当的影响，占有相当的市场，川菜风味的餐馆且已遍及国内的一些主要城市，改革开放以来，更是走出中国，冲向世界，扬名于海内外。

川菜常用食材

川菜的常用食材很多，不胜枚举。下面仅列出几个例子，并说明在烹制川菜前应该要注意的一些食材特点和养生功效，以便让我们吃到更有营养、更正宗的川菜。

五花肉

五花肉又称肋条肉、三线肉，位于猪的腹部，猪腹部脂肪组织很多，其中又夹带着肌肉组织，肥瘦间隔，故称"五花肉"。这部分的瘦肉最嫩且最多汁。需要指出的是，五花肉要斜切，因为其肉质比较细、筋少，如横切，炒熟后变得凌乱散碎，斜切可使其不破碎，吃起来也不塞牙。

五花肉营养丰富，有补肾养血、滋阴润燥之功效，还有滋肝阴、润肌肤和止消渴的作用。此外，五花肉含有丰富的优质蛋白质和必需的脂肪酸，并提供血红素和促进铁吸收的半胱氨酸，能改善缺铁性贫血的症状。

猪蹄

猪蹄，又叫猪脚或猪手，前蹄为猪手，后蹄为猪脚，含有丰富的胶原蛋白，脂肪含量也比肥肉低。

近年来，科研机构在对老年人衰老原因的研究中发现，人体中胶原蛋白缺乏，是人衰老的一个重要因素。猪蹄能防治皮肤干瘪起皱，增强皮肤弹性和韧性，对延缓衰老具有特殊意义。为此，人们把猪蹄称为"美容食品"。猪蹄对于经常性的四肢疲乏、腿部抽筋及麻木、消化道出血有一定的辅助疗效。

猪血

猪血，味甘、苦，性温，有解毒清肠、补血美容的功效。猪血富含维生素B_2、维生素C、蛋白质、铁、磷、钙、尼克酸等营养成分。

猪血中的血浆蛋白被人体内的胃酸分解后，产生一种解毒、清肠的分解物，能与侵入人体内的粉尘、有害金属微粒发生化合反应，易于使毒素排出体外。长期接触有害粉尘的人，特别是每日驾驶车辆的司机，应常吃猪血。

另外，猪血富含铁，对贫血而面色苍白者有改善作用，是排毒养颜的理想食物。

鳝鱼

鳝鱼肉嫩味鲜，营养价值甚高，尤其是富含DHA（二十二碳六烯酸）和卵磷脂，有补脑健身的功效。鳝鱼所含的特殊物质"鳝鱼素"，有清热解毒、凉血止痛、祛风消肿、润肠止血等功效，能降低血糖和调节血糖，对糖尿病有较好的食疗作用，又因其所含脂肪极少，因而是糖尿病患者的理想食品。

草鱼

草鱼俗称鲩鱼、草鲩、白鲩。草鱼含有丰富的硒元素，经常食用有抗衰老、养颜的功效，而且对肿瘤也有一定的防治作用。草鱼肉嫩而不腻，很适合身体瘦弱、食欲不振的人食用。

牛蛙

牛蛙有滋补解毒的功效，消化功能差或胃酸过多的人以及体质弱的人可以用来滋补身体。牛蛙可以促进人体气血旺盛，使人精力充沛，有滋阴壮阳、养心安神、补血补气之功效，有利于术后病人的滋补康复。

泡菜

泡菜含有丰富的维生素和钙、磷等无机物，既能为人体提供充足的营养，又能预防动脉硬化等疾病。由于泡菜在腌制过程中会产生致癌物质亚硝酸盐，并且亚硝酸盐的含量与盐浓度、温度、腌制时间等众多因素密切相关，因而泡菜不宜多食。

酸豆角

酸豆角，就是腌制过的豆角。它含有丰富的优质蛋白质、碳水化合物及多种维生素、微量元素等营养素。其中所含B族维生素能起到维持正常的消化腺分泌和胃肠道蠕动的作用，还可抑制胆碱酶活性，帮助消化，增进食欲。

川菜的烹调特色

川菜麻辣的特色，一部分来自于川菜与众不同的烹饪方法，另外一部分来自于烹饪前的食材准备。下面，我们将详细介绍川菜的烹调方法及其特色。

烹调方法

川菜烹调方法多达几十种，常见的如炒、熘、炸、爆、蒸、烧、煮、煸、炖、煎、炝、烩、腌、卤、熏、拌等。如炒、爆、煎、烧就别具一格。

炒

在川菜烹制的诸多方法中，"炒"很有特点，它要求时间短，火候急，汁水少，口味鲜嫩。具体方法是，炒菜不过油，不换锅，芡汁现炒现兑，急火短炒，一锅成菜。

爆

"爆"是一种典型的急火短时间内加热并且迅速成菜的烹调方法，较突出的一点是勾芡，要求芡汁要包住主料而呈现出油亮的色泽。

煎

"煎"一般是以文火将锅烧热后，倒入能布满锅底的油量，再放入加工成扁形的原料，用文火先煎好一面，再煎另一面，放入调味料，而后翻几次即成。

烧

"烧"分为干烧法和家常烧法两种。干烧法，是用中火慢烧，使有浓厚味道的汤汁渗透于原料之中，自然成汁，醇浓厚味。家常烧法，是先用中火热油，入汤烧沸去渣，放料，再用小火慢烧至成熟入味勾芡而成。

烹调特点

选料认真

川菜要求对原料进行严格选择，做到量材使用，物尽其能，既要保证质量，又要注意节约。原料力求鲜活，并要讲究时令。

刀工精细

刀工是川菜制作的一个很重要的环节。它要求制作者认真细致，讲究规格，根据菜肴烹调的需要，将原料切配成形，使之大小一致、长短相等、粗细一样、厚薄均匀。

川菜常用调料

川菜的调味料在川菜菜肴的制作中起着至关重要的作用，也是制作麻辣、鱼香等味型菜肴必不可少的作料。川菜常用的调味料很多，可以根据不同菜的口味特点选用不同的调味料，让川菜的口味更独特。

 胡椒

胡椒辛辣中带有芳香，有特殊的辛辣刺激味和强烈的香气，有除腥解膻、解油腻、助消化、增添香味、防腐和抗氧化作用，能增进食欲，可解鱼虾蟹肉的毒素。胡椒分黑胡椒和白胡椒两种。黑胡椒辣味较重，香中带辣，散寒、健胃功能更强，多用于烹制内脏、海鲜类菜肴。

 花椒

花椒果皮含辛辣挥发油等，辣味主要来自山椒素。花椒有温中气、减少膻腥气、助暖作用，且能去毒。

烹肉时，最宜多放花椒，牛肉、羊肉、狗肉更应多放；清蒸鱼和干炸鱼，放点花椒可去腥味；腌榨菜、泡菜，放点花椒可以提高风味；煮五香豆腐干、花生、蚕豆和黄豆等，用些花椒，味更鲜美。

花椒在咸鲜味菜肴中运用比较多，一是用于原料的先期码味、腌制，起去腥、去异味的作用；二是在烹调中加入

花椒，起避腥、除异、和味的作用。

 七星椒

七星椒是朝天椒的一种，属于簇生椒，产于四川威远、内江、自贡等地。七星椒皮薄肉厚、辣味醇厚，比子弹头辣椒更辣，可以制作泡菜、干辣椒、辣椒粉、糍粑辣椒、辣椒油等。

 干辣椒

干辣椒是用新鲜辣椒晾晒而成的，外表呈鲜红色或棕红色，有光泽，内有籽。干辣椒气味特殊，辛辣如灼。川菜调味使用干辣椒的原则是辣而不死，辣

而不燥。成都及其附近所产的二荆条辣椒和威远的七星椒，皆属此类品种，为辣椒中的上品。干辣椒可切节使用，也可磨粉使用。

干辣椒节主要用于煳辣口味的菜肴，如炝莲白、炝黄瓜等菜肴。使用辣椒粉的常用方法有两种，一是直接入菜，如宫保鸡丁就要用辣椒粉，起到增色的作用；二是制成红油辣椒，作为红油、麻辣等口味的调味品，广泛用于冷热菜式，如红油笋片、红油皮扎丝、麻辣鸡、麻辣豆腐等菜肴的调味。

冬菜

冬菜是四川的著名特产之一，主产于南充、资中等市。冬菜是用青菜的嫩尖部分，拌上盐、香料等调味品装坛密封，经数年腌制而成。

冬菜以南充生产的顺庆冬尖和资中生产的细嫩冬尖为上品，有色黑发亮、细嫩清香、味道鲜美的特点。冬菜既是烹制川菜的重要辅料，也是重要的调味品。在菜肴中作辅料的有冬尖肉丝、冬

菜肉末等，既做辅料又做调味品的有冬菜肉丝汤等菜肴，均为川菜中的佳品。

泡椒

在川菜调味中起重要作用的泡辣椒，是用新鲜的辣椒泡制而成的。由于泡辣椒在泡制过程中产生了乳酸，所以用于烹制菜肴，就会使菜肴具有独特的香气和味道。

郫县豆瓣

豆瓣酱是烹制川菜必备的作料之一，以郫县豆瓣和金钩郫县豆瓣酱用得最多。

郫县豆瓣酱以鲜辣椒、上等蚕豆、面粉和调味料酿制而成，以四川郫县豆瓣厂生产的为佳。这种豆瓣色泽红褐、油润光亮、味鲜辣、瓣粒酥脆，并有浓烈的酱香和清香味，是烹制家常口味、麻辣口味的主要调味品。烹制时，一般都要将其剁细使用，如豆瓣鱼、回锅肉、干煸鳝鱼等所用的郫县豆瓣，都是先剁细的。

还有一种以蘸食为主的豆瓣，即以

Part 1 川菜常识 •009•

重庆酿造厂生产的金钩郫县豆瓣为佳。它是以蚕豆为主，金钩（四川对虾仁的称呼）、香油等为辅制成的。这种郫县豆瓣呈深棕褐色，光亮油润，味鲜回甜，咸淡适口，略带辣味，醇香浓郁。金钩豆瓣是清炖牛肉汤、清炖牛尾汤等的最佳蘸料。此外，烹制火锅也离不开郫县豆瓣，调制酱料也要用郫县豆瓣。

陈皮

陈皮亦称"橘皮"，是用成熟了的橘子皮阴干或晒干制成的。

陈皮呈鲜橙红色、黄棕色或棕褐色，质脆，易折断，以皮薄而大、色红、香气浓郁者为佳。在川菜中，陈皮味型就是以陈皮为主要的调味品调制的，是川菜常用的味型之一。陈皮在冷菜中运用广泛，如陈皮兔丁、陈皮牛肉、陈皮鸡等。

此外，由于陈皮和沙姜、八角、丁香、小茴香、桂皮、草果、老蔻、砂仁等原料一样，都有各自独特的芳香气，所以，它们都是调制五香味型的调味品，

一般多用于烹制禽肉和豆制品为原料的菜肴，如五香牛肉、五香鳝段、五香豆腐干等，四季皆宜，佐酒下饭均可。

芥末

芥末即芥子研成的末。芥子干燥无味，研碎湿润后，发出强烈的刺激气味，冷菜、荤素原料皆可使用。如芥末嫩肚丝、芥末鸭掌、芥末白菜等，均是夏、秋季节的佐酒佳肴。

目前，一些川菜的制作也常用芥末的成品芥末酱、芥末膏，成品使用起来更方便。

榨菜

榨菜可直接作为咸菜上席，也可用作菜肴的辅料和调味品，对菜肴能起提味、增鲜的作用。

榨菜以四川涪陵生产的涪陵榨菜最为有名。它是选用青菜头或者菱角菜（亦称羊角菜）的嫩茎部分，用盐、辣椒、酒等腌后，榨出汁液呈微干状态而成。以其色红质脆、块头均匀、味道鲜美、咸淡适口、香气浓郁的特点誉满全国，名扬海外。

用榨菜烹制菜肴，不仅营养丰富，而且还有爽口开胃、增进食欲的作用。榨菜在菜肴中，能同时充当辅料和调味品，如榨菜肉丝、榨菜肉丝汤等。以榨菜为原料的菜肴，皆有清鲜脆嫩、风味别具一格的特色。

子弹头辣椒

子弹头辣椒是朝天椒的一种，形状短粗如子弹，在四川很多地方都有种植。子弹头辣椒辣味比二荆条辣椒强烈，但是香味和色泽却比不过二荆条辣椒，可以制作干辣椒、泡菜、辣椒粉、辣椒油。

豆豉

豆豉以黄豆为主要原料，经选择、浸渍、蒸煮，再用少量面粉拌和，并加米曲霉菌种酿制后取出风干而成的。豆豉具有色泽黑褐、光滑油润、味鲜回甜、香气浓郁、颗粒完整、松散化渣的特点，以永川豆豉和潼川豆豉为上品。豆豉可以加油、肉蒸后直接佐餐，也可作豆豉鱼、盐煎肉、毛肚火锅等菜肴的调味品。目前，不少民间流传的川菜也需要豆豉调味。

川盐

川盐能定味、提鲜、解腻、去腥，是川菜烹调的必需品之一。盐有海盐、池盐、岩盐、井盐之分。川菜常用的盐是井盐，其氯化钠含量高达99%以上，味醇正，无苦涩味，色白，结晶体小，疏松不结块。

二荆条辣椒

二荆条辣椒以成都牧马山出产的最为出名，成都以及周围各县都有种植。二荆条辣椒形状细长，每年5－10月上市，有绿色和红色两种（绿色辣椒不采摘继续生长就会变为红色）。二荆条辣椒香味浓郁、香辣回甜、色泽红艳，可以制作菜肴，也可以制成干辣椒、泡辣椒、郫县豆瓣酱、辣椒粉、辣椒油。

小米辣椒

小米辣椒产于云南、贵州，辣味是所介绍的几种辣椒中最辣的，但是香味不浓，可以制作泡菜、干辣椒、辣椒粉、辣椒油等。

川菜的经典口味

川菜自古讲究"五味调和"、"以味为本"。川菜的味型之多居各大菜系之首。下面向读者介绍几种常见的川菜味型。

 红油味

红油味为川菜冷菜复合调味之一。以川盐、红油（辣椒油）、白酱油、白糖、味精、香油、红酱油为原料制成。其方法是：先将川盐、白酱油、红酱油、白糖、味精和匀，待溶化，兑入红油、香油即成。

 蒜泥味

蒜泥味为冷菜复合调味之一。以食盐、蒜泥、红酱油、白酱油、白糖、红油、味精、香油为原料，重用蒜泥，突出辣香味，使蒜香味浓郁，鲜、咸、香、辣、甜五味调和，清爽宜人，适合春夏拌凉菜用。

 麻辣味

麻辣味为川菜的基本调味之一。主要原料为川盐、白酱油、红油（或辣椒末）、花椒末、味精、白糖、香油、豆豉等。此味适合用于制作"麻婆豆腐"等菜肴，烹调时，先将豆豉入锅，再依次放入其他调料即成。

 芥末味

芥末味是冷菜复合调味之一。以食盐、白酱油、芥末糊、香油、味精、醋为原料。先将其他调料拌入，兑入芥末糊，最后淋入香油即成。此味咸、鲜、酸、香、冲兼而有之，爽口解腻，颇有风味，适合调下酒菜。

 椒盐味

椒盐味主要原料为花椒、食盐。制法：先将食盐炒熟，花椒焙熟研成细末，以一成盐、二成花椒配比制成。适用于制作软炸和酥炸类菜肴。

 家常味

家常味为川菜复合调味之一。所谓"家常"就是"居家常用"，具有咸鲜微辣的特点。如回锅肉、家常海参均属家常菜。此味以豆瓣为主调料，所以又叫"豆瓣味"。

 椒麻味

椒麻味为川菜冷菜复合调味之一。以川盐、花椒、白酱油、葱花、白糖、味精、香油为原料。先将花椒研为细末，葱花剁碎，再与其他调味品调匀即成。此味重用花椒，突出椒麻味，并用香油辅助，使之麻辣清香，风味幽雅，适合四季拌凉菜用。

煳辣味

煳辣味的调制方法：热锅下油烧热，放入干红辣椒节、花椒爆香，加入川盐、酱油、醋、白糖、姜、葱、蒜、味精、料酒，用大火调匀即成。爆干红辣椒节时，火候不到或火候过头都会影响煳辣香味的产生，因此要特别留心。

酸辣味

酸辣味以川盐、醋、胡椒粉、味精、料酒等调制而成。调制酸辣味，须掌握以咸味为基础，酸味为主体，辣味助风味的原则。但是，在制作冷菜的酸辣味的过程中，应注意不放胡椒，而用红油或豆瓣代替。

鱼香味

鱼香味为川菜的特殊风味。原料为川盐、泡辣椒、姜、葱、蒜、白酱油、白糖、醋、味精。调配时，盐与原料码芡上味，使原料有一定的咸味基础；白酱油和味提鲜，泡鱼辣椒带鲜辣味，突出鱼香味；姜、葱、蒜增香、压异味，用量以成菜后香味突出为准。

怪味

怪味又名"异味"，因诸味兼有、制法考究而得名。以川盐、酱油、味精、芝麻酱、白糖、醋、香油、红油、花椒末、熟芝麻为原料。先将盐、白糖在酱油内溶化，再与味精、香油、花椒末、芝麻酱、红油、熟芝麻充分调匀即成。

五香味

制作五香味的材料通常有沙姜、八角、丁香、小茴香、甘草、老蔻、肉桂、草果、花椒。这种味型的特点是浓香咸鲜，冷、热菜式都能广泛使用。调制方法是将上述香料加盐、料酒、老姜、葱及水制成卤水，再用卤水来卤制菜肴。

麻酱味

麻酱味为冷拌菜肴复合调味之一。主要原料为盐、白酱油、白糖、芝麻酱、味精、香油等。此味主要突出芝麻酱的香味。故盐与酱油用量要适当，且味精用量宜大，以提高鲜味。

Part 2

素菜类

　　素菜是对蔬菜、菌菇、豆类、豆制品、藻类等食材的统称。作为独树一帜的川菜，对于素菜的烹饪，其讲究程度丝毫不逊于其他菜系，比如食材的腌制、刀工处理、焯水、调味等。川人擅长烹饪出麻、辣、咸、甜、酸、苦、香这七种味道，在素菜方面的烹饪技艺同样成熟。本章就传统的川式素菜做出了重新的整合，图文并茂，其烹饪的细节在文字和视频中均有充分的体现，能够帮助各位读者快速上手，学得川菜的烹饪精华。

泡椒炒包菜

🌱 **材料** 包菜350克，灯笼泡椒50克，蒜蓉20克

🧂 **调料** 盐2克，料酒、鸡粉、芝麻油、食用油、水淀粉各适量

🍳 **做法**

❶ 把洗净的包菜切成小片；灯笼泡椒放入小碟中备用。

❷ 炒锅注入食用油烧热，倒入蒜蓉爆香。

❸ 放入包菜片，用大火炒至断生。

❹ 转小火，加盐、鸡粉、料酒调味。

❺ 放入灯笼泡椒。

❻ 翻炒至食材入味。

❼ 加入少许水淀粉勾芡，翻炒至入味。

❽ 淋入芝麻油，翻炒匀，出锅盛入盘中即成。

辣炒包菜

材料 包菜300克，青椒、红椒各15克，干辣椒、蒜末各少许

调料 郫县豆瓣、盐、味精、水淀粉、食用油、芝麻油各适量

做法

❶ 包菜洗净，切丝；青椒洗净，切丝；红椒洗净，切丝。

❷ 用油起锅，放入蒜末、干辣椒，大火爆香。

❸ 再放入青椒丝、红椒丝炒香。

❹ 倒入包菜丝、郫县豆瓣，用锅铲翻炒几下，拌匀。

❺ 加入适量盐、味精，翻炒片刻，至食材入味。

❻ 加入适量水淀粉勾芡，淋入少许芝麻油，盛出即成。

制作指导 包菜富含维生素C，炒包菜的时间不宜过长，否则营养会流失。

营养功效 包菜富含的钾，有助于维持神经健康、心跳规律正常，还可以预防中风，并协助肌肉正常收缩，且具有降血压的作用。

剁椒白菜

🥬 **材料** 大白菜300克，剁椒40克，蒜片10克

🧂 **调料** 盐2克，味精2克，水淀粉、食用油、芝麻油各适量

🍳 **做法**

❶ 洗净的大白菜切条，装入盘中，备用。

❷ 热锅注入食用油，爆香蒜片，放入大白菜条，炒约1分钟。

❸ 倒入备好的剁椒，加入盐、味精炒匀。

❹ 炒约1分钟至大白菜条熟软，加入水淀粉、芝麻油炒匀，盛出即可。

🔺 **制作指导**

炒制大白菜时，淋入少许芝麻油，味道会更鲜香。

🔺 **营养功效**

大白菜含多种维生素、钙、磷、铁、锌等营养成分，能够提高免疫力。

珊瑚白菜

材料 大白菜300克，青椒15克，冬笋100克，水发香菇50克，姜片、蒜末各少许

调料 盐4克，鸡粉4克，生抽4毫升，水淀粉、食用油各适量

做法

①大白菜洗净，切条；青椒洗净，去籽切丝；香菇切丝；处理好的冬笋切丝。

②锅加水烧开，加食用油和盐。

③放入冬笋丝、香菇丝煮半分钟，放入大白菜条，再煮半分钟，捞出备用。

④用食用油起锅，爆香姜片、蒜末，倒入青椒丝和冬笋丝、香菇丝、白菜条，炒匀。

⑤加入生抽、盐、鸡粉，倒入水淀粉勾芡，翻炒至入味，盛出装入盘中即可。

制作指导

鲜冬笋质地细嫩，不宜炒制过老，否则影响口感。

酸辣白菜

材料 大白菜300克，干辣椒、蒜末各少许

调料 盐3克，鸡粉2克，白醋、水淀粉、食用油各适量

做法

①大白菜洗净，切开，去除菜心，切成块状。

②锅注入水烧热，加少许食用油，入大白菜拌煮至断生，捞出，沥干待用。

③用食用油起锅，爆香蒜末、干辣椒。

④倒入大白菜块，大火炒匀，转中火，加入盐、鸡粉，淋入适量的白醋，炒至入味。

⑤倒入少许水淀粉勾芡，炒至熟透，盛出装入盘中即成。

制作指导

大白菜在烹饪前应先洗后切，以保证营养成分不过多地流失。

椒油小白菜

📥 **材料** 小白菜250克，口蘑50克，朝天椒末少许

🥄 **调料** 盐、鸡粉各2克，生抽4毫升，花椒油5毫升，水淀粉、食用油各适量

🍲 **做法**

① 小白菜洗净，切段；口蘑洗净，切片，焯水片刻。

② 用食用油起锅，倒入小白菜段炒软，放入生抽、水、鸡粉、盐，炒匀。

③ 倒入口蘑片、朝天椒末煮至全部食材熟透，待汤将沸时淋入花椒油。

④ 倒入水淀粉，搅拌均匀，装入盘中即可。

💬 **制作指导**

放生抽时要转中火，以免将菜叶煮老了，影响口感，也会降低营养价值。

💬 **营养功效**

小白菜含多种维生素、粗纤维、钙等，常食具有润肠排毒的功效。

开水白菜

材料 大白菜300克，枸杞5克

调料 盐2克，鸡粉、味精、高汤、食用油各适量

做法

① 将洗净的大白菜切成块。
② 热锅注入食用油，烧热，倒入大白菜块，炒片刻，捞出。
③ 锅底留油，加入水、盐、鸡粉、大白菜块焖熟，捞出摆盘。
④ 高汤烧热，加盐、味精、鸡粉煮沸，放入枸杞煮熟，盛出浇盘即可。

制作指导

大白菜焯水的时间应控制在20～30秒，否则烫得太软太烂，就不好吃。

干锅娃娃菜

材料 娃娃菜500克，干辣椒10克，蒜末少许

调料 盐3克，辣椒酱、鸡粉、蚝油、高汤、猪油、辣椒油、食用油各适量

做法

① 洗净的娃娃菜切长条。
② 锅中倒入水，加入盐、食用油煮沸，倒入娃娃菜条，焯熟后捞出沥水。
③ 锅中放入猪油烧热，煸香干辣椒、蒜末，倒入辣椒酱、高汤，拌匀后烧开。
④ 加入娃娃菜条，加入盐、鸡粉拌匀调味，加入蚝油，淋入辣椒油拌匀。
⑤ 将娃娃菜条盛入干锅，倒入适量汤汁即成。

制作指导

娃娃菜炒制时间不宜太长，以免炒出太多水，影响其脆嫩口感。

🍃 麻婆茄子

🥬 **材料** 茄子200克,牛肉100克,朝天椒30克,姜片、蒜末、葱花各少许

🧂 **调料** 郫县豆瓣15克,料酒10毫升,盐3克,鸡粉2克,花椒油5毫升,水淀粉、食用油各适量

🍲 **做法**

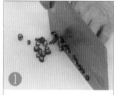

❶ 朝天椒洗净,切圈;茄子去皮洗净,切条;牛肉洗净,剁末。

❷ 炒锅注入食用油烧热,放入茄子条炸熟捞出,沥油。

❸ 锅留油,爆香姜片、蒜末,放入牛肉末炒香。

❹ 倒入朝天椒圈炒匀,放入少许郫县豆瓣,炒匀。

❺ 淋入少许料酒炒匀,加入少许水,煮沸。

❻ 加盐、鸡粉,放入茄子条煮至入味。

❼ 加入花椒油、水淀粉炒匀,大火收汁。

❽ 用锅铲翻炒匀至食材入味,撒上葱花,关火,盛入盘中即成。

宫保茄丁

- **材料** 茄子150克，花生米50克，干辣椒10克，大葱、姜片、蒜末各少许
- **调料** 盐2克，味精、郫县豆瓣、料酒、生粉、水淀粉、食用油各适量
- **做法**

❶ 茄子洗净去皮，切成丁；大葱洗净，切成丁。

❷ 锅中加入水烧开，放入洗好的花生米、盐煮熟捞出。

❸ 花生米炸熟捞出；茄丁裹上生粉，炸至金黄色捞出。

❹ 锅底留油，爆香姜片、蒜末、大葱丁和洗好的干辣椒。

❺ 倒入茄丁，加入盐、味精、郫县豆瓣和料酒炒匀。

❻ 加入水，倒入水淀粉勾芡，放入花生米炒匀即成。

制作指导 将生粉和蛋液调成糊，将茄子挂糊后再炸，能减少维生素P的损失。

营养功效 茄子含有多种营养成分，具有保护心血管、清热及抗衰老的作用。

辣炒茄丝

材料 茄子300克，干辣椒10克，蒜末、葱段各少许

调料 盐3克，鸡粉2克，辣椒酱10克，生抽、料酒、水淀粉、食用油各适量

做法

❶ 茄子去皮洗净，切细丝，装在盘中；干辣椒洗净。

❷ 锅中加入水烧开，加入食用油、茄丝煮至断生，捞出。

❸ 用油起锅，放入蒜末炒匀。

❹ 放入干辣椒炒香，放入茄丝炒匀。

❺ 加入辣椒酱，淋上少许料酒提味。

❻ 加入盐、鸡粉调味，淋入适量生抽炒匀。

❼ 淋入少许水淀粉，炒匀，勾芡。

❽ 撒上葱段，炒香，翻炒至熟，盛出装入盘中即可。

鱼香茄子

材料 茄子150克，肉末30克，姜片、葱白、蒜末、红椒末、葱花各少许

调料 郫县豆瓣、盐、白糖、味精、鸡粉、陈醋、生抽、料酒、水淀粉、芝麻油、食用油各适量

做法

❶ 茄子去皮洗净切块，浸水。

❷ 热锅中注入食用油，倒入茄子块炸至软，捞出。

❸ 锅底留油，倒入姜片、葱白、蒜末、红椒末、肉末爆香。

❹ 加郫县豆瓣、料酒、水、陈醋、生抽、白糖、味精、盐、鸡粉。

❺ 倒入茄子煮约1分钟，倒入适量水淀粉，炒匀勾芡。

❻ 再淋入芝麻油提香，盛入烧热的煲仔中，撒上葱花即成。

制作指导 炸茄丁时，要控制好火候，以免炸糊。另外，炒此菜时加少许芝麻油，味道会更佳。

营养功效 茄子含糖类、维生素、黄酮类化合物、脂肪、蛋白质、钙、磷等营养成分，有活血化瘀、调节血压、清热消肿、宽肠之效。

酸辣藕丁

🌾 **材料** 莲藕300克，青椒片、红椒片各10克，姜片、蒜末各少许

🥄 **调料** 食用油30毫升，盐、白糖各3克，水淀粉10毫升，白醋、味精、辣椒酱各适量

🍳 **做法**

❶ 去皮洗净的莲藕切成丁。

❷ 锅中注入水烧开，加白醋、莲藕丁、盐煮熟，捞出。

❸ 锅中倒油烧热，爆香姜片、蒜末、青椒片、红椒片，倒入莲藕丁翻炒。

❹ 加入辣椒酱、盐、味精、白糖、白醋、水淀粉，炒匀即可。

🔺 **制作指导**

边炒边加水，这样不但好炒，而且炒出来的藕丁又白又嫩，口感还好。

🔺 **营养功效**

莲藕营养丰富，生食能凉血散瘀，熟食能补心益肾、滋阴养血。

粉蒸莲藕

材料 莲藕250克,蒜蓉、葱花各少许

调料 盐2克,鸡粉3克,蒸肉粉35克,白醋10毫升,食用油适量

做法
① 去皮洗净的莲藕切片,放入清水中,备用。
② 锅中注水,煮沸,加入白醋拌匀,倒入莲藕片煮至断生捞出。
③ 莲藕装碗,加入蒜蓉、蒸肉粉、鸡粉、盐拌匀,倒入食用油拌匀。
④ 取蒸盘,放入莲藕片,摆整齐。
⑤ 蒸锅上火,大火烧开,放入蒸盘,盖上盖,转中火,蒸25分钟至莲藕熟透。
⑥ 取出莲藕片,撒上葱花,浇上烧热的食用油即可。

制作指导
因为蒸肉粉有咸味,所以腌制莲藕时要少放盐,以免味道太咸了,影响其口感。

香麻藕条

材料 莲藕300克,干辣椒10克,花椒、葱段各少许

调料 盐、鸡粉、水淀粉、食用油各适量

做法
① 将去皮洗净的莲藕切条,装入盘中。
② 锅中注入水烧开,加入食用油、盐、莲藕焯烫捞起。
③ 炒锅中注入食用油烧热,放入干辣椒、葱段、花椒爆香。
④ 倒入莲藕条炒匀,加入盐、鸡粉调味。
⑤ 加入水淀粉勾芡。
⑥ 翻炒片刻至熟透,出锅即可。

制作指导
将切好的莲藕放入白醋水中浸泡,可防止其氧化变黑。

麻辣藕丁

🔘 **材料** 莲藕350克，青椒20克，干辣椒、花椒各2克，姜片、蒜末、葱白各少许

🔘 **调料** 盐3克，鸡粉2克，料酒、白醋、郫县豆瓣、辣椒油、花椒油、水淀粉、食用油各适量

🔘 **做法**

❶ 莲藕去皮洗净切成丁；青椒洗净，去籽切成块，装碟。

❷ 水烧开，加入白醋，倒入莲藕丁焯熟捞出；热油爆香葱白、姜片、蒜末。

❸ 放入葱白、干辣椒、花椒、藕丁、青椒块、料酒、郫县豆瓣、盐、鸡粉。

❹ 加水煮片刻，加入辣椒油、花椒油炒匀，加入水淀粉勾芡，盛出即可。

🔺 **制作指导**

莲藕入锅炒制的时间不能太久，否则莲藕就会失去爽脆的口感。

🔺 **营养功效**

莲藕富含淀粉、蛋白质、脂肪、粗纤维、维生素C及多种矿物质等成分。

🌱 鱼香土豆丝

材料 土豆200克，青椒40克，红椒40克，葱段、蒜末各少许

调料 郫县豆瓣15克，陈醋6毫升，白糖2克，盐、鸡粉、食用油各适量

做法

①将洗净去皮的土豆切成丝；将洗好的红椒、青椒去籽，切成丝。

②用食用油起锅，放入蒜末、葱段爆香，倒入土豆丝、青椒丝、红椒丝，快速翻炒均匀，加入郫县豆瓣、盐、鸡粉。

③放入少许白糖，淋入适量陈醋炒均至食材入味。

④关火后盛出炒好的土豆丝，装入盘子即可。

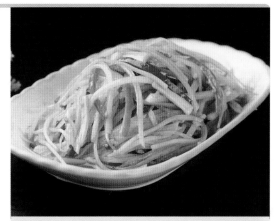

🔵 制作指导

土豆要炒熟透后才能食用，以免对健康不利。

🌱 椒盐脆皮小土豆

材料 小土豆350克，蒜末、辣椒粉、葱花、五香粉各少许

调料 盐2克，鸡粉2克，辣椒油6毫升，食用油适量

做法

①热锅注油，烧至六成热，放入去皮洗净的小土豆，用小火炸约7分钟，至其熟透，捞出。

②锅底留油，放入蒜末，爆香，倒入炸好的小土豆，加入五香粉、辣椒粉、葱花，炒香。

③放入适量盐、鸡粉，淋入辣椒油。快速炒匀调味。

④关火后将锅中的食材盛出，装入盘中即可。

🔵 制作指导

炸土豆时油温不宜过高，以免炸焦。

口味土豆条

材料 土豆200克，红椒15克，蒜末、葱段各少许

调料 盐5克，郫县豆瓣10克，鸡粉、水淀粉、食用油各适量

做法

❶ 土豆去皮，洗净，切条；红椒洗净切开，去籽切丁。

❷ 锅中注入水烧开，加入盐、土豆煮至食材断生，捞出。

❸ 用食用油起锅，爆香蒜末、红椒丁，倒入土豆条、郫县豆瓣、盐、鸡粉。

❹ 加入适量水煮约1分钟，收汁，加水淀粉勾芡，撒上葱段炒匀即成。

制作指导

土豆切好后，放入清水中浸泡片刻后再烹饪，这样炒出来的土豆更爽脆。

营养功效

土豆含蛋白质、脂肪、维生素、矿物质等成分，能健脾和胃、益气调中。

🍃 鱼香茭白

📌 材料 茭白200克，莴笋100克，竹笋80克，水发木耳50克，红椒15克，姜片、蒜末、葱白各少许

📋 调料 盐5克、鸡粉、白糖、郫县豆瓣、陈醋、水淀粉、食用油各适量

📝 做法

①水发木耳切块；竹笋切片；莴笋切片；红椒切块；茭白切片。

②锅中加入适量清水烧开，放入盐，倒入木耳、竹笋，煮约1分钟捞出。

③用油起锅，加入姜片、蒜末、葱白爆香，倒入木耳、竹笋、茭白、莴笋和红椒炒匀。

④加入少许清水，翻炒片刻，加入郫县豆瓣、盐、鸡粉、白糖炒匀，再倒入陈醋炒匀，加入水淀粉勾芡即可。

🔺 制作指导

茭白在炒制前，可以先用沸水焯一下，这样能更好地去除其含有的草酸。

🍃 油焖茭白

📌 材料 茭白150克，五花肉200克，红椒15克，姜片、蒜末、葱白各少许

📋 调料 盐10克，蚝油3克，老抽、料酒、味精、水淀粉、芝麻油、食用油各适量

📝 做法

①茭白去皮洗净切片；红椒去蒂，切开，去籽，切块；洗净的五花肉切片。

②水烧开，加入盐、食用油、茭白片，煮沸捞出。

③用食用油起锅，放入五花肉，加入老抽、料酒、姜片、蒜末、葱白、红椒、茭白片、蚝油、盐、味精煮片刻，加水淀粉勾芡，淋上芝麻油，炒匀即可。

🔺 制作指导

烹饪前，应将茭白放入热水锅中焯煮一下，以除去其中含有的草酸。

香辣花生米

🔄 **材料** 花生米300克，干辣椒8克，辣椒面15克

🍶 **调料** 盐、食用油各适量，辣椒油10毫升

◉ **做法**

① 锅中加入适量清水，倒入花生米。

② 加入少许盐，煮约3分钟捞出沥水。

③ 另起锅，注入食用油烧至五成热。

④ 倒入花生米，炸约2分钟捞出装入盘中。

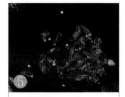

⑤ 锅底留油，倒入干辣椒、辣椒面翻炒出辣味。

⑥ 倒入炸好的花生米，翻炒。

⑦ 淋入辣椒油，翻炒均匀。

⑧ 再加入少许盐炒匀入味，盛出食材，装入盘中即可。

🌿 川味酸辣黄瓜条

🔸 材料 黄瓜150克，红椒40克，泡椒15克，花椒3克，姜片、蒜末、葱段各少许

🔸 调料 盐2克，白糖3克，辣椒油3毫升，白醋4毫升，食用油适量

🔸 做法

① 黄瓜洗好切条；红椒洗净去籽切丝；泡椒去蒂切开。

② 锅中注入水烧开，加入食用油、黄瓜条煮1分钟捞出。

③ 用食用油起锅，倒入姜片、蒜末、葱段、花椒，爆香。

④ 倒入红椒丝、泡椒，快速翻炒均匀。

⑤ 放入黄瓜条，加入白糖、辣椒油、盐，炒匀调味。

⑥ 淋入少许白醋，翻炒匀使其入味即可。

🔺 制作指导 焯过水的黄瓜下锅炒制的时间不能太长，否则不够爽脆。

🔸 营养功效 黄瓜含有维生素B_1、维生素B_2，可以防止口角炎、唇炎，具有提高人体免疫力、延缓皮肤老化等功效。

🍃 醋熘黄瓜

🍄 **材料** 黄瓜200克，彩椒45克，青椒25克，蒜末少许

🥄 **调料** 盐2克，白糖3克，白醋4毫升，水淀粉8毫升，食用油适量

🍲 **做法**

❶ 洗净的彩椒切开，去籽，切成小块。

❷ 洗好的青椒切开，去籽，切成小块。

❸ 洗净去皮的黄瓜切开，去籽，用斜刀切成小块，备用。

❹ 用食用油起锅，放入蒜末，爆香。

❺ 倒入黄瓜块，加入青椒块、彩椒块，翻炒至熟软。

❻ 放入盐、白糖、白醋，炒匀调味。

❼ 淋入水淀粉勾芡，快速翻炒均匀。

❽ 关火后盛出，装入盘中即可。

口味黄瓜钵

材料 黄瓜300克,朝天椒13克,干辣椒、姜片、蒜末、葱白各少许

调料 盐2克,郫县豆瓣、黄豆酱各20克,味精、鸡粉、水淀粉、食用油各适量

做法

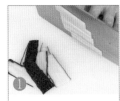

① 洗净的黄瓜切成长片;洗净的朝天椒切成圈。

② 锅中加油烧热,炒香干辣椒、姜片、蒜末、葱白、朝天椒圈。

③ 倒入切好的黄瓜片翻炒匀。

④ 加入郫县豆瓣、黄豆酱炒匀。

⑤ 加少许盐、味精、鸡粉,翻炒调味。

⑥ 用少许水淀粉勾芡,翻炒入味,盛入煲仔中即成。

制作指导 黄瓜尾部所含的苦味素,对于消化道炎症具有独特的功效。烹饪前,不可舍弃尾部。

营养功效 黄瓜含有蛋白质、镁、钙、磷等营养成分,具有保护牙齿、肝脏,预防动脉硬化,提高免疫力等功效。

怪味苦瓜

材料 苦瓜150克，红椒20克，蒜末少许

调料 盐5克，鸡粉2克，白糖2克，咖喱15克，老干妈酱、辣椒酱各15克，叉烧酱15克，食用油适量

做法

❶ 苦瓜洗净切开，去籽切片；红椒洗净切开，去籽切块。

❷ 苦瓜片装入盘中，加入盐抓匀。

❸ 腌制过的苦瓜片用水清洗，滤干水分后装盘备用。

❹ 锅中加食用油烧热，放入蒜末、红椒块炒香。

❺ 倒入备好的苦瓜片，翻炒均匀。

❻ 放入咖喱、老干妈酱、辣椒酱、叉烧酱炒匀。

❼ 加入鸡粉、盐、白糖，翻炒至入味。

❽ 把炒好的苦瓜片盛出装入盘中即可。

干煸苦瓜

🔄 **材料** 苦瓜250克，朝天椒250克，干辣椒、蒜末、葱段各少许

🥄 **调料** 盐、鸡粉、老抽、食用油各适量

🔄 **做法**

① 苦瓜洗净对半切开，去籽切条；朝天椒切圈。

② 用食用油起锅，倒入苦瓜条，滑油捞出。

③ 锅底留油，倒入蒜末、干辣椒，大火爆香。

④ 加入朝天椒圈，放入苦瓜条炒匀。

⑤ 放入盐、鸡粉、老抽翻炒至入味。

⑥ 撒上葱段拌匀，将炒好的苦瓜条盛入盘中即可。

🔺 **制作指导** 苦瓜焯水后干煸可去除部分苦味，干煸时不用油，把水分炒干至表皮微微发蔫即可。

🔺 **营养功效** 苦瓜含蛋白质、脂肪、碳水化合物和维生素C，具有消暑清热、解毒、健胃、除邪热、聪耳明目、润肤、强身、抗衰的功效。

麻酱冬瓜

材料 冬瓜300克，红椒、葱条、姜片各少许

调料 盐2克，鸡粉、料酒、芝麻酱、食用油各适量

做法

① 冬瓜切块；部分姜片切末；红椒切粒；部分葱条切葱花。

② 用食用油起锅，倒入冬瓜块，滑油片刻后捞出。

③ 锅留底油，倒入葱条、姜片。

④ 加入料酒、清水、鸡粉、盐，放入冬瓜煮沸捞出。

⑤ 冬瓜块放入蒸锅，大火蒸约2~3分钟至熟软。

⑥ 揭盖，取出蒸软的冬瓜块。

⑦ 热油炒香红椒粒、姜末、葱花，放入冬瓜炒匀。

⑧ 倒入芝麻酱炒匀盛盘，撒上适量葱花即可。

麻辣小芋头

🔄 **材料** 芋头500克，干辣椒10克，花椒5克，蒜末、葱花各少许

🍶 **调料** 郫县豆瓣15克，盐2克，鸡粉2克，辣椒酱8克，水淀粉5毫升，食用油适量

🍳 **做法**

① 锅内注食用油烧热，倒入去皮的芋头炸1分钟捞出。

② 锅底留油烧热，倒入干辣椒、花椒、蒜末，爆香。

③ 放入郫县豆瓣、芋头、水、盐、鸡粉、辣椒酱搅拌匀。

④ 盖上盖，烧开后用小火焖煮约15分钟至芋头熟软。

⑤ 揭盖，转大火收汁，倒入适量水淀粉搅拌均匀。

⑥ 关火盛出芋头，撒上葱花即可。

🔺 **制作指导** 芋头炸之前可先入蒸锅蒸熟，这样能缩短煮制的时间。

🔺 **营养功效** 芋头含有粗蛋白、淀粉、粗纤维、糖类，具有散积理气、解毒补脾、清热镇咳、促进钙质的吸收等功效。

川香豆角

🔶 材料　豆角350克，蒜末5克，干辣椒3克，花椒8克，白芝麻10克

🔶 调料　盐2克，鸡粉3克，蚝油、食用油各适量

🔶 做法

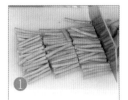

❶ 将洗净的豆角切成段，备用。

❷ 用油起锅，倒入蒜末、花椒、干辣椒，爆香。

❸ 加入豆角炒匀，倒入少许清水，翻炒约5分钟至熟。

❹ 加入盐、蚝油、鸡粉翻炒入味，盛出，撒上白芝麻即可。

🔶 制作指导

炒豆角时火候不要太大，过大容易把豆角榨干。

🔶 营养功效

豆角含有蛋白质、脂肪、纤维、碳水化合物、维生素A、维生素C、维生素E等成分。

干煸豆角

材料 豆角300克，朝天椒20克，干辣椒15克，花椒3克，大蒜8克

调料 盐、味精、陈醋、食用油各适量

做法

①豆角洗净切段；大蒜洗净切末；朝天椒洗净切圈。

②热锅中注入食用油，烧至五成热时，倒入豆角段，拌匀。

③用小火炸约1分钟至熟捞出。

④锅留底油，倒入大蒜末、干辣椒、朝天椒圈煸香。

⑤倒入滑好油的豆角段。

⑥加入适量盐、味精、陈醋翻炒至熟透，盛入盘中即成。

制作指导

豆角一定要彻底煮熟再食用，以防止中毒。

椒麻四季豆

材料 四季豆200克，红椒15克，花椒、干辣椒、葱段、蒜末各少许

调料 盐3克，鸡粉2克，生抽3毫升，料酒5毫升，郫县豆瓣、水淀粉、食用油各适量

做法

①洗净的四季豆去除头、尾，切段；洗好的红椒去籽，切块。

②锅中注入水烧开，加入盐、食用油、四季豆段焯煮约3分钟至其熟软，捞出。

③用油起锅，倒入花椒、干辣椒、葱段、蒜末爆香，放入红椒块、四季豆段炒匀，加入盐、料酒、鸡粉、生抽、郫县豆瓣炒匀，加入水淀粉勾芡即可。

制作指导

烹饪前要先摘除四季豆的筋，否则会影响口感，还不容易消化。

干煸四季豆

🌱 **材料** 四季豆300克，干辣椒3克，蒜末、葱白各少许

🧂 **调料** 盐3克，味精3克，生抽、郫县豆瓣、料酒、食用油各适量

🍳 **做法**

❶ 将四季豆洗净切成段，待用。

❷ 热锅中注入食用油，烧热，倒入切好的四季豆段。

❸ 将四季豆滑油片刻捞出。

❹ 锅底留油，倒入蒜末、葱白。

❺ 再放入洗好的干辣椒爆香。

❻ 倒入滑油后的四季豆段，翻炒。

❼ 加入适量盐、味精、生抽、郫县豆瓣、料酒。

❽ 翻炒约2分钟至食材入味，盛出装入盘中即可。

酸辣萝卜丝

🔘 **材料** 白萝卜300克，葱白、葱段、红椒丝各少许

🔘 **调料** 盐、鸡粉、白醋、花椒油、水淀粉各适量

🔘 **做法**

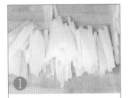

① 白萝卜去皮洗净，切丝备用。

② 热锅中注入食用油，放入葱白爆香。

③ 倒入白萝卜丝，翻炒至熟，加入盐、鸡粉，炒匀调味。

④ 倒入红椒丝，炒匀后加入适量白醋翻炒至食材入味。

⑤ 倒入花椒油翻炒均匀，加入少许水淀粉勾芡。

⑥ 加入葱段拌炒匀，盛入盘内即可。

🔺 **制作指导** 若觉得太辣，可在萝卜丝入锅前，用盐先腌5分钟，以减少其辣味。

♣ **营养功效** 白萝卜热量少，纤维素多，吃后易产生饱胀感，因而有助于减肥。

川味烧萝卜

材料 白萝卜400克，红椒35克，白芝麻4克，干辣椒15克，花椒5克，蒜末、葱段各少许

调料 盐2克，鸡粉1克，郫县豆瓣2克，生抽4毫升，水淀粉、食用油各适量

做法

❶ 白萝卜洗净，去皮，切条；洗好的红椒斜切成圈。

❷ 用食用油起锅，加入花椒、干辣椒、蒜末、白萝卜、红椒圈炒匀。

❸ 加入郫县豆瓣、生抽、盐、鸡粉、水拌匀，烧开后用小火煮10分钟。

❹ 倒入水淀粉，放入葱段炒香，盛出撒上白芝麻即可。

制作指导

萝卜条应切得粗细一致，这样煮好的白萝卜口感更均匀。

营养功效

白萝卜含有维生素C、芥子油等营养成分，具有清热生津、助消化等功效。

豉香山药条

材料 山药350克，青椒25克，红椒20克，豆豉45克，蒜末、葱段各少许

调料 盐3克，鸡粉2克，郫县豆瓣10克，白醋8毫升，食用油适量

做法

①洗净的红椒、青椒切粒；山药洗净，去皮，切条；锅中注入水烧开，放入白醋、盐、山药条煮约1分钟捞出。

②用食用油起锅，倒入豆豉、葱段、蒜末爆香，放入红椒粒、青椒粒炒匀，倒入适量郫县豆瓣翻炒匀，放入焯过水的山药条，快速翻炒均匀。

③加入少许盐、鸡粉翻炒至食材入味。

④关火后盛出，装入盘中即可。

制作指导

山药遇到空气会氧化变黑，因此山药切好后要立刻炒制。

麻婆山药

材料 山药160克，红尖椒10克，猪肉末50克，姜片、蒜末各少许

调料 郫县豆瓣15克，鸡粉、料酒、水淀粉、花椒油、食用油各适量

做法

①红尖椒切段；山药去皮洗净切滚刀块。

②用油起锅，倒入猪肉末炒匀，撒上姜片、蒜末，炒出香味，加入适量郫县豆瓣，炒匀。

③倒入切好的红尖椒，放入山药块，炒匀炒透，淋入少许料酒，翻炒一会儿，注入适量清水。

④大火煮沸，淋上适量花椒油，加入少许鸡粉，拌匀，转中火煮约5分钟，至食材熟软，最后用水淀粉勾芡，至材料入味，盛出即可。

制作指导

煮山药的时间可长一些，这样菜肴的口感会更好。

鱼香笋丝

🔄 **材料** 竹笋200克，红椒5克，蒜苗20克，红椒末、葱花、姜末、蒜末各少许，郫县豆瓣10克

🥄 **调料** 盐2克，鸡粉2克，白糖3克，陈醋4毫升，水淀粉4毫升，食用油适量

🍲 **做法**

❶ 洗净去皮的竹笋切条，焯水；洗好的蒜苗切成段；洗净的红椒切条。

❷ 热锅注油，倒入蒜末、葱花、姜末、红椒末，爆香，加入郫县豆瓣炒匀。

❸ 放入备好的红椒、笋条，翻炒均匀，撒上蒜苗。

❹ 加入少许盐、白糖、鸡粉、陈醋、水淀粉，翻炒均匀至食材入味。

🔺 **制作指导**

竹笋丝不要切得太粗，否则不易入味。

🔺 **营养功效**

竹笋含有蛋白质、胡萝卜素、维生素、铁、磷、镁等营养成分。

🍃 油辣冬笋尖

材料 冬笋200克，青椒25克，红椒10克

调料 盐2克，鸡粉2克，辣椒油6毫升，花椒油5毫升，食用油适量

做法

①洗净去皮的冬笋切滚刀块；洗好的青椒、红椒切块。

②锅中注水烧开，加入少许盐、鸡粉、食用油，倒入冬笋块，煮约1分钟，捞出。

③用油起锅，倒入冬笋块翻炒匀，加入适量辣椒油、花椒油、盐、鸡粉，炒匀调味，倒入青椒、红椒，炒至断生。

④淋入少许水淀粉，翻炒均匀至食材入味，关火后盛出炒好的食材，装入盘中即可。

🔺制作指导

冬笋焯水时间不可太长，以免失去其清脆的口感。

🍃 葱椒莴笋

材料 莴笋200克，红椒30克，葱段、花椒、蒜末各少许

调料 盐4克，鸡粉2克，郫县豆瓣10克，水淀粉、食用油各适量

做法

①莴笋洗净，去皮，用斜刀切段，再切片；洗好的红椒去籽，切成小块。

②锅中注入水烧开，倒入食用油、盐、莴笋片煮1分钟，至其八成熟捞出。

③用食用油起锅，放入红椒块、葱段、蒜末、花椒爆香，倒入莴笋片翻炒均匀，加入郫县豆瓣、盐、鸡粉炒匀调味，淋入适量水淀粉快速翻炒均匀。

④关火后盛出，装入盘中即可。

🔺制作指导

莴笋不宜炒制过久，以免破坏了其中的维生素。

双笋煲

材料 竹笋200克，莴笋300克，红椒20克，干辣椒、姜片、蒜末、葱白各少许

调料 盐4克，味精、鸡粉各2克，郫县豆瓣、辣椒酱、料酒、辣椒油、水淀粉、食用油各适量

做法

① 竹笋洗净切段；莴笋去皮洗净，切片；红椒洗净切块。

② 锅中加入水烧开，加入盐、食用油，倒入竹笋段煮沸。

③ 放入莴笋片拌匀，煮约1分钟捞出。

④ 用食用油起锅，放入姜片、蒜末、葱白、干辣椒炒香。

⑤ 加入莴笋片、红椒块、竹笋炒匀。

⑥ 加入郫县豆瓣、盐、味精、鸡粉、料酒、辣椒油、辣椒酱。

⑦ 倒入清水煮1分钟，加入适量水淀粉勾芡。

⑧ 把材料盛入煲仔中，再置于火上，烧热即成。

麻辣香干炒莴笋

🍲 **材料** 香干150克，莴笋100克，红椒20克，葱段、姜片、蒜末各少许

🥄 **调料** 盐2克，鸡粉2克，郫县豆瓣10克，料酒、辣椒油、花椒油、水淀粉、食用油各适量

🍳 **做法**

❶ 莴笋去皮，洗净，切片；红椒洗净，切段；香干洗净，切条。

❷ 热锅中注入食用油，爆香葱段、蒜末、姜片。

❸ 放入莴笋片、红椒段翻炒，倒入香干条炒匀。

❹ 加入料酒、郫县豆瓣，炒香，放入适量盐、鸡粉。

❺ 淋入少许辣椒油、花椒油，加入少许清水，翻炒片刻。

❻ 倒入少许水淀粉勾芡，盛入盘中即可。

🔺 **制作指导** 莴笋入锅炒制时间不能太长，以免影响其脆嫩口感和成品的外观。

☢ **营养功效** 莴笋中含有一定量的微量元素锌、铁，特别是铁元素，很容易被人体吸收，经常食用新鲜莴笋，可以防治缺铁性贫血。

宫保豆腐

材料 豆腐、黄瓜、红椒、酸笋、胡萝卜、花生米、姜片、蒜末、葱段、干辣椒各适量

调料 盐4克，鸡粉2克，郫县豆瓣15克，生抽、辣椒油、陈醋、水淀粉、食用油各适量

做法

❶ 黄瓜洗净，切丁；胡萝卜洗净，去皮，切丁；酸笋洗净，切丁。

❷ 红椒洗净，去籽切丁；豆腐洗净，切块，焯1分钟捞出。

❸ 将酸笋丁、胡萝卜丁焯水捞出；倒入花生米煮熟捞出。

❹ 锅中注入食用油烧热，倒入花生米滑油至微黄色，捞出。

❺ 锅底留油，倒入干辣椒、姜片、蒜末、葱段，爆香。

❻ 倒入红椒丁、黄瓜丁、酸笋丁、胡萝卜丁、豆腐块。

❼ 加入郫县豆瓣、生抽、鸡粉、盐、辣椒油、陈醋炒匀。

❽ 放入花生米，加入水淀粉勾芡，翻炒至食材熟透即可。

🍃 香辣铁板豆腐

🔺 **材料** 豆腐500克，辣椒粉15克，蒜末、葱花、葱段各适量

🍶 **调料** 盐2克，鸡粉3克，郫县豆瓣15克，生抽5毫升，水淀粉10毫升，食用油适量

🔘 **做法**

❶ 洗好的豆腐切厚片，再切条，改切成小方块。	❷ 锅中注入食用油烧热，倒入豆腐炸至金黄色，捞出。	❸ 锅底留油，加入辣椒粉、蒜末，放入郫县豆瓣、水煮沸。	❹ 加入生抽、鸡粉、盐、豆腐块拌匀，煮沸后煮1分钟。

❺ 倒入水淀粉勾芡，搅拌片刻，至食材入味。	❻ 取烧热的铁板，淋上热油，放上葱段、豆腐、葱花即可。

🔺 **制作指导** 在铁板上也可以淋入热油，这样菜肴会更香。

🔺 **营养功效** 豆腐含有铁、镁、钾、钙、锌、叶酸、维生素B_1、烟酸、维生素B_6等营养成分，具有降胆固醇、降血脂、降血压等功效。

🍵 麻辣牛肉豆腐

🍄 **材料** 牛肉100克，豆腐350克，红椒300克，辣椒面20克，花椒粉10克，姜片、葱花各少许

🥄 **调料** 盐4克，鸡粉2克，郫县豆瓣10克，老抽5毫升，料酒5毫升，水淀粉8毫升，食用油适量

🍲 **做法**

❶ 豆腐切块；红椒切粒；牛肉剁末；豆腐放入沸水锅，加盐焯水捞出。

❷ 热锅中注入食用油，爆香姜片、牛肉末、红椒粒、料酒、辣椒面、花椒粉。

❸ 加入郫县豆瓣、老抽、适量水，倒入豆腐，加入盐、鸡粉，煮熟。

❹ 倒入少许水淀粉勾芡，翻炒均匀，盛出装盘，撒上适量葱花即可。

🔺 **制作指导**

焯煮豆腐时，加少许盐，这样煮的豆腐不会散。

🍴 **营养功效**

豆腐含优质蛋白、铁、钙、糖类等成分，有增强体质、帮助消化之功效。

麻婆豆腐

材料 嫩豆腐500克，牛肉末70克，蒜末、葱花各少许

调料 食用油、郫县豆瓣、盐、鸡粉、味精、辣椒油、花椒油、蚝油、老抽、水淀粉各适量

做法

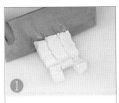
❶ 嫩豆腐切块，放入沸水锅中，加入盐，焯水捞出。

❷ 用油起锅，炒香蒜末、牛肉末，加入郫县豆瓣炒香，注入适量清水。

❸ 加入蚝油、老抽、盐、鸡粉、味精炒至入味。倒入豆腐，加入辣椒油、花椒油。

❹ 煮至入味，加入少许水淀粉勾芡，撒入葱花炒匀即可。

制作指导

豆腐入热水中焯烫一下，这样在烹饪的时候比较结实不容易散。

营养功效

豆腐中丰富的大豆卵磷脂有益于神经、血管、大脑的生长发育。

鱼香脆皮豆腐

材料 日本豆腐200克，生姜15克，大蒜5克，葱3克，灯笼泡椒20克

调料 陈醋、辣椒油、白糖、味精、盐、生抽、老抽、生粉、水淀粉、食用油各适量

做法

① 葱洗净切葱花；生姜、大蒜、灯笼泡椒均洗净切末。

② 日本豆腐切段装盘，撒上生粉。

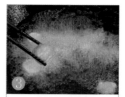

③ 用食用油起锅，放入日本豆腐炸至金黄色，捞出装盘。

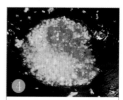

④ 锅底留油，爆香大蒜末、生姜末，加入灯笼泡椒末。

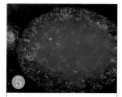

⑤ 倒入少许清水，加入陈醋、辣椒油、白糖、味精调味。

⑥ 调入盐、生抽、老抽，倒入水淀粉调成稠汁。

⑦ 倒入炸好的日本豆腐拌匀，煮约1分钟入味，装盘。

⑧ 浇入原汤汁，撒上葱花即成。

红油豆腐花

🔄 材料　豆腐花300克，蒜末、葱花各少许

🥄 调料　盐2克，鸡粉、芝麻油、辣椒油、生抽各适量

📋 做法

① 将准备好的豆腐花装入盘中，待用。

② 把蒜末和葱花倒入碗中，加入少许辣椒油。

③ 淋入适量芝麻油。

④ 加入适量盐、鸡粉，拌匀。

⑤ 再加入少许生抽，用勺子将碗中的调味料拌匀。

⑥ 把拌好的调味料浇在豆腐花上即成。

🔺 制作指导　在此菜上撒入少许香菜末，能令这道菜更加美观，味道更香。

🔺 营养功效　豆腐花含有铁、钙、磷、镁、糖类、植物油及优质蛋白等成分，有补中益气、清热润燥、生津止渴、清洁肠胃之功效。

酸辣魔芋烧笋条

材料 魔芋豆腐260克，竹笋60克，彩椒10克，葱花、蒜末各少许

调料 剁椒30克，盐3克，鸡粉少许，生抽、料酒、陈醋、水淀粉、辣椒油、食用油各适量

做法

❶ 魔芋豆腐切粗条，焯水；竹笋切条，焯水；彩椒切丝。

❷ 用油起锅，撒上蒜末爆香，加入剁椒，炒出辣味，注入少许清水略煮。

❸ 倒入魔芋、竹笋炒匀，淋入料酒，加入盐、鸡粉、生抽，焖约12分钟。

❹ 倒入彩椒丝，淋入陈醋，用水淀粉勾芡，淋入辣椒油炒匀，盛出，撒上葱花即可。

制作指导

竹笋焯煮的时间可以长一些，这样菜肴的口感更佳。

营养功效

魔芋豆腐含有蛋白质、淀粉、维生素A、维生素C、魔芋多糖、钾、磷、硒等营养成分。

🌱 泡菜炒年糕

材料 泡菜200克，年糕100克，葱白、葱段各15克

调料 盐、鸡粉、白糖、水淀粉、香油、食用油各适量

做法

① 将洗净的年糕切块备用。

② 锅中加入适量清水，烧开，倒入年糕块煮至熟软后捞出。

③ 用食用油起锅，放入葱白、泡菜、年糕炒熟。

④ 加入盐、鸡粉、白糖，炒匀调味。

⑤ 用少许水淀粉勾芡，淋入香油炒匀。

⑥ 撒入葱段，拌炒匀，盛入盘内即成。

🔺 **制作指导**

泡菜本身含有较多的盐分，在炒制过程中加入少许盐调味即可。

🌱 鱼香杏鲍菇

材料 杏鲍菇200克，红椒35克，姜片、蒜末、葱段各少许

调料 郫县豆瓣4克，盐3克，鸡粉2克，生抽、料酒、陈醋、水淀粉、食用油各适量

做法

① 杏鲍菇洗净切成粗丝；红椒洗净，切成细丝。

② 锅中注入水烧开，放入少许盐，倒入杏鲍菇丝煮约2分钟至断生，捞出。

③ 用食用油起锅，爆香姜片、蒜末、葱段，倒入红椒丝、杏鲍菇丝，炒匀。

④ 调入料酒、郫县豆瓣、生抽、盐、鸡粉、陈醋，用水淀粉勾芡即可。

🔺 **制作指导**

鱼香味的菜最好选用浓厚醇正的陈醋，白醋味淡色轻，不宜选用。

鱼香金针菇

🌿 **材料** 金针菇120克，胡萝卜150克，红椒30克，青椒30克，姜片、蒜末、葱段各少许

🥄 **调料** 盐2克，鸡粉2克，郫县豆瓣15克，白糖3克，陈醋10毫升，食用油适量

🍴 **做法**

❶ 洗净去皮的胡萝卜切成片，再切成丝。

❷ 洗好的青椒切成段，再切成丝。

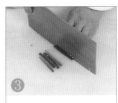

❸ 洗净的红椒切成段，再切成丝。

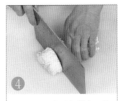

❹ 洗好的金针菇切去老茎，备用。

❺ 用食用油起锅，放入姜片、蒜末、胡萝卜丝炒匀。

❻ 放入金针菇，加入切好的青椒丝、红椒丝，翻炒均匀。

❼ 放入郫县豆瓣、盐、鸡粉、白糖、陈醋，炒匀调味。

❽ 再翻炒片刻，至食材入味即可。

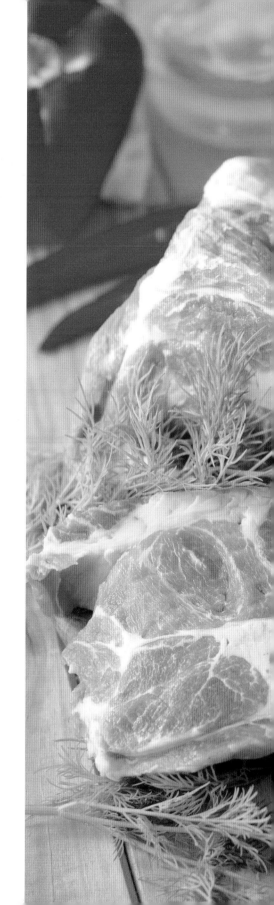

Part 3

畜肉类

　　在川菜中，畜肉类美食占据了半壁江山。川菜十分重视保护畜肉类食材丰富的营养成分，并且将这类食材进行了完美的烹饪，使得其本身具有口感醇香、色泽惊艳、营养丰富的特点，这类美食也彰显出了川人对红火生活的一种发自内心的敬意。本章挑选了川人食用最多的畜肉类美食，进行了科学的归类，每一道美食都提供了精细的做法步骤和同步的高清视频，相信您一看就懂，一学就会！

鱼香肉丝

🥬 **材料** 瘦肉150克，水发木耳40克，冬笋100克，胡萝卜70克，蒜末、姜片、蒜梗各少许

🧂 **调料** 盐、水淀粉、料酒、味精、生抽、食粉（小苏打）、食用油、陈醋、郫县豆瓣各适量

🍳 **做法**

❶ 木耳洗净，切丝；胡萝卜洗净，切丝；冬笋洗净，切丝。

❷ 瘦肉中加入盐、味精、食粉、水淀粉、食用油，腌制。

❸ 水烧沸，加入盐、胡萝卜丝、冬笋丝、木耳丝煮熟捞出。

❹ 热锅注入食用油烧热，放入瘦肉丝滑油捞出。

❺ 锅底留油，倒入蒜末、姜片、蒜梗，爆香。

❻ 倒入胡萝卜丝、冬笋丝、木耳丝炒匀。

❼ 加入瘦肉丝、料酒、盐、味精、生抽、陈醋。

❽ 加入郫县豆瓣，炒匀，放入水淀粉勾芡即可。

水煮肉片

材料 瘦肉200克，生菜50克，灯笼泡椒20克，生姜、大蒜各15克，葱花少许

调料 盐、水淀粉、味精、食粉、郫县豆瓣、陈醋、鸡粉、辣椒油、花椒油、食用油、花椒粉各适量

做法

❶ 生姜、灯笼泡椒均剁末；大蒜切片；瘦肉洗净，切片。

❷ 瘦肉片用食粉、盐、味精、水淀粉、食用油腌制，滑油捞出。

❸ 热油锅，爆香大蒜片、生姜末、灯笼泡椒末、郫县豆瓣。

❹ 倒入瘦肉片，加入水、辣椒油、花椒油、盐、味精。

❺ 加入鸡粉炒匀，再加入水淀粉勾芡，加入陈醋炒匀。

❻ 生菜装盘，放入瘦肉片，撒上葱花、花椒粉，淋上热油即可。

制作指导 郫县豆瓣一定要炒出红油，否则会影响成菜的外观和口感。

营养功效 瘦肉含蛋白质、脂肪、碳水化合物、烟酸、多种维生素以及磷、钙、铁等矿物质，有滋阴润燥、补血养血等功效。

🌿 蚂蚁上树

材料 肉末200克，水发粉丝300克，朝天椒末、蒜末、葱花各少许

调料 料酒10毫升，郫县豆瓣15克，生抽8毫升，陈醋8毫升，盐2克，鸡粉2克，食用油适量

做法

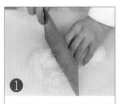			
❶ 将发好的粉丝切成段，待用。	❷ 用食用油起锅，倒入肉末，炒松散，炒至变色，淋入料酒，炒出香味。	❸ 放入蒜末、葱花，煸炒出香味，加入郫县豆瓣，倒入生抽，略炒。	❹ 下粉丝翻炒均匀，加入陈醋、盐、鸡粉、朝天椒末和葱花，炒匀即可。

制作指导

粉丝入锅后要不停翻炒，以免粘连在一块儿。

营养功效

猪肉含蛋白质、B族维生素、半胱氨酸，可改善缺铁性贫血症状。

🍃 糖醋里脊

🍲 材料　里脊肉100克，青椒20克，红椒10克，鸡蛋2个，番茄汁30克，蒜末、葱段各少许

🥄 调料　盐、味精、白糖、生粉、白醋、料酒、酸梅酱、水淀粉、食用油各适量

🍳 做法

①青椒、红椒均洗净切块；里脊肉洗净切丁，加盐、味精、料酒、鸡蛋中的蛋黄、生粉拌匀，装盘，撒上生粉。

②番茄汁中加入白醋、白糖、盐、酸梅酱；将里脊肉丁油炸后捞出。

③热油爆香蒜末、葱段、青椒块、红椒块，倒入番茄汁、水淀粉，制成稠汁。

④倒入里脊肉丁，加入熟油炒匀即可。

△ 制作指导

里脊肉丁倒入稠汁中炒制时，速度要快，否则会影响里脊肉丁的酥脆口感。

🍃 辣椒炒肉卷

🍲 材料　青椒50克，红椒30克，肉卷100克，姜片、蒜末、葱白各少许

🥄 调料　盐、味精、鸡粉、郫县豆瓣、水淀粉、料酒、食用油各适量

🍳 做法

①将洗净的青椒切片；洗好的红椒切片；肉卷切片。

②用食用油起锅，烧至四成热，放入肉卷片，炸至金黄色捞出。

③锅底留油，爆香姜片、蒜末、葱白。

④加入青椒片、红椒片，炒出香味。

⑤加入肉卷片，加入盐、味精、鸡粉、郫县豆瓣炒至入味，加料酒炒匀。

⑥用水淀粉勾芡，炒匀，盛出即可。

△ 制作指导

维生素C不耐热，易被破坏，所以在烹饪青椒时要掌握好火候。

椒香肉片

材料 猪瘦肉200克，白菜150克，红椒、桂皮、花椒、八角、干辣椒、姜片、葱段、蒜末各少许

调料 生抽4毫升，郫县豆瓣10克，鸡粉4克，盐3克，陈醋7毫升，水淀粉8毫升，食用油适量

做法

❶ 洗好的红椒切段；洗净的白菜切段；洗好的猪瘦肉切片。

❷ 猪肉片加少许盐、鸡粉、水淀粉搅匀。倒入食用油腌制。

❸ 热锅注油，烧至四成热，倒入腌好的肉片滑油，捞出。

❹ 锅底留油，倒入葱段、蒜末、姜片，爆香。

❺ 撒入红椒、桂皮、花椒、八角、干辣椒，炒出香味。

❻ 放入白菜炒匀，注入适量清水，放入肉片，翻炒匀。

❼ 淋入生抽，加入郫县豆瓣、鸡粉、盐、陈醋，炒匀调味。

❽ 倒入适量水淀粉勾芡，续炒片刻，盛出即可。

咸烧白

材料 五花肉350克，芽菜150克，姜片25克，葱花3克

调料 味精、白糖、盐各3克，八角、干辣椒、花椒、糖色、老抽、料酒、食用油各少许

做法

① 锅中注入水，放入五花肉煮熟后取出，肉皮抹上糖色。

② 用食用油起锅，放入五花肉炸至表皮暗红，捞出。

③ 将五花肉切片装碗，加入老抽、料酒、盐、味精拌匀。

④ 肉皮朝下扣碗内，放入八角、花椒、干辣椒、姜片。

⑤ 将姜片、芽菜、干辣椒、葱花、白糖炒匀后放五花肉上，入蒸锅。

⑥ 大火蒸40分钟至熟，取出倒扣入盘内即成。

制作指导 用厨房用纸吸干五花肉的水分，在入锅炸五花肉时可防油溅出。

营养功效 猪肉富含氨基酸等成分，具有滋养脏腑、滑润肌肤、补中益气、滋阴养胃等功效。

🌿 青椒肉丝

🍄 **材料** | 青椒50克,红椒15克,瘦肉150克,葱段、蒜片、姜丝各少许

🧂 **调料** | 盐5克,水淀粉10毫升,味精3克,食粉3克,郫县豆瓣、料酒、蚝油、食用油各适量

▶ **做法**

❶ 红椒、青椒均洗净,切成丝。

❷ 将瘦肉洗好,再切成丝,装碗待用。

❸ 肉丝中加入食粉、盐、味精、水淀粉、食用油腌制。

❹ 热锅中注入食用油烧热,倒入肉丝滑油捞出。

❺ 锅底留油,爆香姜丝、蒜片、葱段。

❻ 倒入青椒丝、红椒丝、肉丝,炒匀。

❼ 调入盐、味精、蚝油、料酒。

❽ 倒入郫县豆瓣炒匀,用水淀粉勾芡,盛出即可。

🌿 生爆盐煎肉

🍴 **材料**　五花肉300克，青椒30克，红椒40克，葱段、蒜末各少许

🥄 **调料**　盐2克，生抽5毫升，郫县豆瓣15克，食用油适量

🍳 **做法**

①红椒、青椒均洗净切圈；处理好的五花肉切片。

②用食用油起锅，倒入切好的五花肉，翻炒出油，放入盐，快速翻炒均匀。

③淋入适量生抽，放入少许郫县豆瓣，翻炒片刻。

④放入葱段、蒜末，翻炒出香味。

⑤倒入切好的青椒圈、红椒圈，翻炒片刻，至其入味。

⑥关火后盛出，装入盘中即可。

🔺 **制作指导**

炒制五花肉的时间可以稍微长一点，将里面的油脂完全炒出来，口感会更好。

🌿 宫保肉丁

🍴 **材料**　瘦肉200克，木耳、冬笋、莴笋、胡萝卜、花生米、姜片、蒜末各少许

🥄 **调料**　盐、味精、料酒、水淀粉、郫县豆瓣、食用油各适量

🍳 **做法**

①胡萝卜、莴笋、冬笋、木耳均洗净切丁；瘦肉切丁，加盐、味精、水淀粉、食用油腌制。

②锅中加入水、盐、食用油烧开，倒入胡萝卜、莴笋、冬笋、木耳、花生米煮熟捞出；花生米、瘦肉丁均入锅滑油，捞出；锅留底油，爆香姜片、蒜末。

③加入冬笋、木耳、胡萝卜、莴笋、瘦肉丁、盐、味精、料酒、郫县豆瓣炒香，加入水淀粉勾芡，加入花生米炒匀即可。

🔺 **制作指导**

洗木耳时，在水中加入适量面粉，反复揉搓，倒掉脏水，再反复浸泡，即可烹饪。

辣子肉丁

🔖 **材料** 猪瘦肉250克，莴笋200克，花生米80克，红椒30克，干辣椒20克，姜片、蒜末、葱段各少许

🔖 **调料** 盐4克，鸡粉3克，料酒10毫升，水淀粉、辣椒油各5毫升，食粉、食用油各适量

🔖 **做法**

❶ 莴笋洗净去皮，切成丁；红椒洗净切成段。

❷ 猪瘦肉切丁，加入食粉、盐、鸡粉、水淀粉、食用油腌制。

❸ 锅中注入水烧开，加入盐、食用油、莴笋丁，煮熟捞出。

❹ 花生米焯水，捞出沥干，再入四成热的油锅中炸香捞出。

❺ 把猪瘦肉丁倒入油锅中，滑油至变色，捞出。

❻ 油锅爆香姜片、蒜末、葱段，倒入红椒、干辣椒炒香。

❼ 放入莴笋丁、猪瘦肉丁、辣椒油、盐、鸡粉、料酒，炒匀。

❽ 淋入水淀粉炒匀，倒入花生米翻炒匀，盛出即可。

🌱 香菜剁椒肉丝

➡️ **材料** 里脊肉200克，剁椒50克，姜丝、香菜各少许

🅱️ **调料** 盐、味精、料酒、生粉、水淀粉、辣椒油、食用油各适量

🔵 **做法**

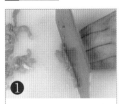

❶ 把洗净的里脊肉切成丝；洗好的香菜切成段。

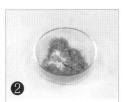

❷ 里脊肉丝装碗，加入料酒、盐、味精拌匀。

❸ 撒上生粉，拌匀；用食用油起锅，放入里脊肉丝。

❹ 里脊肉丝炒至五成熟，放入姜丝、剁椒炒匀。

❺ 加入味精，放入香菜，翻炒至断生。

❻ 用水淀粉勾芡，淋入少许辣椒油，炒至入味即成。

🔺 **制作指导** 用水淀粉勾芡时要转中火，可使芡汁的色泽更鲜亮。

🍄 **营养功效** 香菜营养丰富，含有维生素C、胡萝卜素等，同时还含有丰富的矿物质，其含有的挥发油成分含有特殊的香味，可开胃醒脾。

梅干菜卤肉

🥦 **材料** 五花肉250克，梅干菜150克，八角2个，桂皮10克，卤汁15毫升，姜片少许

🍶 **调料** 盐、鸡粉各1克，生抽、老抽各5毫升，冰糖适量，食用油适量

🍳 **做法**

❶ 洗好的五花肉对半切开，切块，汆水；梅干菜切段。

❷ 热锅注油，倒入冰糖，拌匀至溶化，注入清水，放入八角、桂皮、姜片、五花肉。

❸ 加入老抽、卤汁、生抽、盐拌匀，卤30分钟至五花肉熟软，倒入梅干菜拌匀。

❹ 注入少许清水，续卤20分钟至食材入味，再加入鸡粉拌匀，盛出即可。

🖐 **制作指导**

喜欢偏辣口味的话，可加入适量干辣椒爆香。

🍎 **营养功效**

梅干菜含有蛋白质、纤维素、氨基酸、钙、磷及多种维生素等营养成分。

蒜薹回锅肉

材料 蒜薹120克，红椒15克，五花肉150克，姜片、葱白各少许

调料 盐、味精、蚝油、料酒、老抽、水淀粉、食用油各适量

做法

①锅中注入水，放入洗净的五花肉焖煮至熟，捞出晾凉，切成片。

②洗好的蒜薹切成段；红椒切成片。

③用食用油起锅，倒入蒜薹滑熟捞出。

④锅底留油，倒入五花肉炒至出油。

⑤加入老抽、料酒，炒香，倒入姜片、葱白、红椒片和蒜薹，翻炒至熟。

⑥调入盐、味精、蚝油，加入少许水淀粉勾芡即可。

制作指导

蒜薹入锅烹制的时间不宜过长，以免辣素被破坏，降低其杀菌作用。

青椒回锅肉

材料 五花肉300克，青椒50克，蒜苗段40克，红椒35克，姜片、蒜末各少许

调料 郫县豆瓣15克，盐、味精各2克，料酒5毫升，老抽、水淀粉、食用油各适量

做法

①洗净的五花肉煮至断生，捞出。

②洗净的青椒切小块；洗好的红椒切小块；把放凉的五花肉切薄片。

③用食用油起锅，倒入五花肉片，炒干水汽，加入盐、味精、料酒、老抽。

④撒入姜片、蒜末、蒜苗段，炒香。

⑤放入青椒块、红椒块、郫县豆瓣炒匀。

⑥用水淀粉勾芡，炒熟入味即成。

制作指导

煮五花肉时可加入少许的香料，能使菜肴整体的口感更加醇美。

四季豆炒回锅肉

🔸 **材料** 四季豆150克，五花肉120克，干辣椒、红椒片、蒜苗段、蒜末、姜片、葱白各适量

🔸 **调料** 盐、味精、鸡粉、辣椒酱、老抽、水淀粉、食用油各适量

🔸 **做法**

❶ 水烧开，放入洗净的五花肉煮熟捞出，放凉切片；四季豆洗净切段。

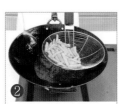

❷ 用食用油起锅，倒入四季豆滑熟捞出；锅底留油，爆香蒜末、姜片、葱白。

❸ 倒入五花肉、老抽炒匀，加入干辣椒、四季豆炒匀，加入水焖熟。

❹ 加入辣椒酱、盐、味精、鸡粉、红椒片和蒜苗段炒匀，加入水淀粉勾芡即成。

🔹 **制作指导**

烹制四季豆前应将豆筋摘除，否则既影响口感，又不易消化。

🔹 **营养功效**

四季豆含有皂甙、尿毒酶和多种球蛋白等成分，能增强人体的抗病能力。

🌿 香辣五花肉

材料 五花肉500克，红椒15克，花生米30克，白芝麻、西蓝花各少许

调料 白醋、盐、味精、辣椒油、食用油各适量

做法

①五花肉煮熟，切薄片；红椒洗净，切丝；西蓝花焯熟，摆盘。

②用食用油起锅，花生米用小火炸熟捞出。

③卷起肉片，摆放在西蓝花上，放上花生米，摆上焯过水的红椒丝。

④取一碗，倒入辣椒油、部分白芝麻、白醋、盐、味精拌匀。

⑤将碗中的味汁均匀浇在熟五花肉卷上，撒上剩余的白芝麻即可。

💬 制作指导

将五花肉加盐、味精和香料一起煮熟，味道会更好。

🌿 白萝卜炒五花肉

材料 白萝卜450克，五花肉300克，青椒、红椒各20克，干辣椒2克，姜片、蒜末、葱白各少许

调料 盐、老抽、白糖、水淀粉、料酒、郫县豆瓣、辣椒酱、鸡粉和食用油各适量

做法

①白萝卜、五花肉、青椒、红椒均洗净，切片。

②锅中加水、油烧开，将白萝卜焯熟。

③锅中注油烧热，放入五花肉，加老抽、白糖、料酒拌炒匀，倒入姜片、蒜末、葱白、干辣椒、郫县豆瓣、辣椒酱炒匀。

④放入青椒、红椒、白萝卜炒3分钟，加入水、鸡粉、盐调味，倒入水淀粉勾芡即可。

💬 制作指导

加入调味料调味时，要将火候转至小火，以免食材糊锅，影响口感。

泡菜五花肉

🥬 **材料** 泡萝卜250克，小米椒80克，五花肉200克，蒜苗、干辣椒段、蒜末各少许

🍶 **调料** 辣椒酱25克，盐、味精各少许，老抽、食用油各适量

▶ **做法**

❶ 洗净的泡萝卜切片；洗好的五花肉切片；洗净的蒜苗斜切段。	❷ 热油，放入五花肉炒出油，加入老抽、蒜末及小米椒、干辣椒段炒匀。	❸ 倒入泡萝卜炒至熟软，加入适量盐、味精调味。	❹ 放入辣椒酱，炒至入味，加入蒜苗炒至熟透即成。

☁ **制作指导**

泡萝卜可用清水浸泡后再炒制，这样能减轻其咸味。

☁ **营养功效**

五花肉含蛋白质、维生素B$_1$、钙、铁等成分，可补肾养血、滋阴润燥。

🌱 土豆回锅肉

材料 五花肉500克，土豆200克，青蒜苗50克，朝天椒20克

调料 高汤、盐、味精、糖色、郫县豆瓣、白糖、蚝油、辣椒油、水淀粉、食用油各适量

做法

①土豆去皮洗净切片；朝天椒洗净切圈；青蒜苗洗净切段。

②锅中放入五花肉、料酒，汆熟捞出，切片，装入碗中，加入糖色拌匀。

③用食用油起锅，倒入五花肉炒至出油，加入郫县豆瓣、料酒、朝天椒、土豆片炒匀，倒入高汤，拌匀煮3分钟至熟。

④加入盐、味精、白糖、蚝油、蒜苗梗、水淀粉、辣椒油、蒜叶炒匀，盛入盘中。

 制作指导

煮五花肉时，将筷子插入五花肉中，若没有血水渗出说明五花肉已煮至熟透。

🌱 香干回锅肉

材料 五花肉300克，香干120克，青椒、红椒各20克，干辣椒、蒜末、葱段、姜片各少许

调料 盐、鸡粉各2克，料酒4毫升，生抽5毫升，花椒油、辣椒油、郫县豆瓣、食用油各适量

做法

①锅中注入水烧热，倒入五花肉，煮熟捞出，切薄片；香干切片，过油炸熟，捞；青椒、红椒均洗净切块。

②锅底留油，放入五花肉片炒出油，加入生抽、姜片、蒜末、葱段、干辣椒炒匀，加入郫县豆瓣炒匀，倒入香干炒匀。

③加入盐、鸡粉、青椒、红椒炒匀，淋入花椒油、辣椒油，炒匀即可。

 制作指导

五花肉切得稍薄一点，这样炒的时候更易出油。

麻辣香锅

材料 大白菜、鸡胗、冬笋、五花肉、虾仁、西蓝花、蟹块、鸡肝、莲藕、木耳、香菇、肉丸、土豆、灯笼泡椒、莴笋、火腿肠、熟芝麻、熟花生、姜、蒜、香叶、八角、花椒、干辣椒、草果、高汤各适量

调料 蚝油、料酒、白糖、芝麻油、盐、味精、辣椒油、食用油、郫县豆瓣、火锅底料各适量

做法

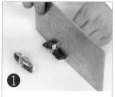

❶ 所有食材均洗净切好；熟花生拍成末。

❷ 锅中注水烧开，加入盐、味精、食用油、所有食材焯水捞出。

❸ 锅中放入香叶、八角、花椒、干辣椒、草果。

❹ 下蒜、姜、郫县豆瓣、火锅底料搅拌匀，加入高汤煮香。

❺ 下荤类食材煮至沸腾，加入灯笼泡椒、干辣椒。

❻ 倒入焯好的素类食材，大火翻炒至食材熟软。

❼ 调入盐、味精、白糖、蚝油、料酒、辣椒油、芝麻油炒匀。

❽ 盛出撒上熟芝麻、熟花生末即成。

🌱 土豆香肠干锅

🍲 材料 土豆250克，香肠100克，姜片、蒜片各10克，干辣椒6克，葱段4克，高汤、葱白各适量

🥄 调料 盐、味精、辣椒油、蚝油、食用油各适量

🍳 做法

❶ 香肠洗净，切成片；土豆去皮洗净，切成片。

❷ 起油锅，炒香姜片、蒜片、干辣椒、葱白，放入香肠炒出油。

❸ 加入土豆片炒匀，再倒入高汤。

❹ 汤烧开后再续煮2分钟至香肠、土豆片熟透入味。

❺ 加入盐、味精、蚝油，炒匀调味。

❻ 淋入辣椒油，拌匀，撒入葱段，炒匀即成。

⚠ 制作指导 土豆去皮后，立即放入清水中，加入少许白醋浸泡，可以防止土豆变色发黑。

🔥 营养功效 香肠多以肉类为主料，含有蛋白质、脂肪、碳水化合物、多种矿物质等营养成分，具有开胃助食、增进食欲等功效。

鱼香排骨

🌿 **材料** 排骨600克，青椒、红椒各20克，姜丝、蒜末、葱白各少许

🍶 **调料** 盐、生粉、蚝油、陈醋、郫县豆瓣、生抽、水淀粉、料酒、味精、老抽、鸡粉、食用油各适量

🍽 **做法**

❶ 青椒、红椒切圈；排骨斩段，加入生抽、料酒、盐、味精、生粉腌制。

❷ 锅中注食用油烧热，放入排骨段炸2分钟捞出，沥干。

❸ 锅底留油，倒入姜丝、蒜末、葱白、排骨段、料酒、郫县豆瓣、水、盐、鸡粉拌匀。

❹ 加入味精、老抽、蚝油、陈醋、青椒、红椒焖熟，用水淀粉勾芡即成。

🔺 **制作指导**

排骨炸至熟软即可，不宜炸制太久，以免影响其口感。

🍃 **营养功效**

排骨含蛋白质、脂肪、磷酸钙、骨胶原等，幼儿、老人食用可强身健体。

椒盐排骨

材料 排骨500克，红椒15克，蒜末、葱花各少许

调料 料酒8毫升，嫩肉粉1克，生抽2毫升，吉士粉2克，面粉15克，味椒盐2克，鸡粉3克，盐、食用油各少许

做法

①排骨洗净斩段；红椒切粒。

②排骨段装入碗中，加入嫩肉粉、盐、鸡粉、生抽、料酒、吉士粉、面粉腌制。

③食用油烧热，将排骨段炸熟后捞出。

④锅底留油，炒香蒜末、红椒粒、葱花，放入排骨段，淋入适量料酒。

⑤再加入味椒盐和鸡粉。

⑥把锅中的食材翻炒入味，盛出即可。

制作指导

制作酥炸菜肴时，加入吉士粉，可以增加菜肴的色泽和松脆感，但不可过量。

粉蒸排骨

材料 排骨600克，姜片、蒜末、葱花各少许

调料 蒸肉粉20克，鸡粉2克，食用油适量

做法

①将洗净的排骨斩块，装入碗中，放入少许姜片、蒜末。

②加入适量蒸肉粉、少许鸡粉拌匀，倒入少许食用油，抓匀。

③将排骨装入盘中备用。

④把装有排骨的盘放入蒸锅。

⑤盖上盖，小火蒸约20分钟，揭盖，把蒸好的排骨取出。

⑥撒上葱花，浇上少许热食用油即可。

制作指导

蒸肉粉含有较多的盐分，排骨中加入蒸肉粉拌匀后，可以不用再加盐调味。

干煸麻辣排骨

材料 排骨500克，黄瓜200克，朝天椒30克，辣椒粉、花椒粉、蒜末、葱花各少许

调料 盐、鸡粉各2克，生抽5毫升，生粉15克，料酒15毫升，辣椒油、花椒油、食用油各适量

做法

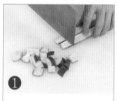

❶ 黄瓜洗净切丁；朝天椒洗净切碎。

❷ 排骨洗净，加入生抽、盐、鸡粉、料酒、生粉腌制，入油锅中炸熟捞出。

❸ 锅底留油，爆香蒜末、花椒粉、辣椒粉，放入朝天椒、黄瓜丁，炒匀。

❹ 放入排骨、盐、鸡粉、料酒、辣椒油、花椒油炒匀，撒上葱花炒匀即可。

制作指导

排骨不要一起放入油锅中，以免粘连在一起。

营养功效

排骨提供人体生理活动必需的优质蛋白质、脂肪和钙质，可维护骨骼健康。

尖椒炒腰丝

材料 猪腰200克，青椒、红椒各适量，姜丝、蒜末、葱段各适量

调料 料酒、盐、生粉、蚝油、鸡粉、水淀粉、食用油各适量

做法

①猪腰治净切丝；红椒、青椒均洗净切丝。

②猪腰装入碗中，加入料酒、盐、生粉腌制；锅中注入水烧热，放入猪腰丝汆水，捞出。

③锅中注油烧热，爆香姜丝、蒜末，放入猪腰、料酒、青椒丝、红椒丝炒熟，加入蚝油、盐、鸡粉炒匀。

④用水淀粉勾芡，下葱段炒熟，淋入烧热的食用油炒匀即成。

制作指导

猪腰用烧酒拌匀、捏挤，用清水漂洗两遍，再用开水烫一遍，即可去除膻臭味。

爆炒腰花

材料 猪腰200克，青椒、红椒各15克，蒜苗30克，姜片、蒜末、葱白各少许

调料 盐3克，鸡粉2克，郫县豆瓣10克，料酒、老抽、水淀粉、生粉、水淀粉、食用油各适量

做法

①蒜苗洗净切段；青椒、红椒均洗净切片；猪腰治净切片，装入碗中，加入盐、鸡粉、料酒、生粉腌制10分钟。

②将猪腰片汆水捞出，入锅滑油后捞出。

③锅底留油，爆香姜片、蒜末、葱白，放入蒜苗、青椒、红椒、猪腰片、料酒、郫县豆瓣、盐、鸡粉、老抽，炒匀，加入水淀粉勾芡即可。

制作指导

切猪腰时，一定要切除白色的肾上腺，因为它富含皮质激素和髓质激素，不可食用。

🌱 泡椒腰花

🍲 **材料** 猪腰300克，泡椒35克，红椒圈、蒜末、姜末各少许

🍶 **调料** 盐3克，味精2克，料酒、辣椒油、花椒油、生粉各适量

🍳 **做法**

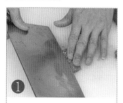

❶ 洗净的泡椒切碎；洗净的猪腰去筋膜，切花刀后切片。

❷ 猪腰片加入料酒、盐、味精、生粉拌匀，腌制10分钟，焯水捞出。

❸ 猪腰片中加入盐、味精、泡椒拌匀。

❹ 加入红椒圈、蒜末、姜末、辣椒油拌匀，淋上花椒油，拌匀即可。

🔺 **制作指导**

猪腰去薄膜、筋，切片或花，用清水漂洗几遍，可以更好地去除腥味。

🍲 **营养功效**

猪腰含有蛋白质、脂肪、矿物质和维生素等，有健肾补腰的功效。

椒油浸腰花

材料 猪腰200克，白菜100克，花椒15克，青椒、蒜末、姜片、葱段各少许

调料 味精、盐、料酒、郫县豆瓣、水淀粉、花椒油、生粉、食用油各适量

做法

①青椒洗净切片；白菜洗净切块；猪腰治净，切去筋膜，再切片。

②猪腰片中加入料酒、盐、味精、生粉腌制片刻；锅中水烧开，放入盐、食用油，焯熟白菜，捞出装入碗中；将猪腰片汆熟捞出。

③用食用油起锅，炒香蒜末、姜片、葱段、青椒，放入猪腰、料酒、郫县豆瓣，加水煮沸，放入味精、盐、水淀粉，装入碗中。

④爆香花椒油、花椒，浇入碗中即可。

制作指导

爆香花椒油和花椒，浇在熟肉上面既可去除肉的腥膻味，又可使肉的口感更佳。

嫩姜爆腰丝

材料 猪腰200克，嫩姜100克，青椒、红椒各少许

调料 蚝油、盐、味精、料酒、生粉、水淀粉、食用油各适量

做法

①猪腰治净，切成丝；青椒、红椒均洗净，切成丝。

②嫩姜去皮洗净切丝；猪腰装入碗中，加入料酒、盐、味精、生粉抓匀，腌制片刻。

③沸水锅中放入猪腰汆水捞出。

④用食用油起锅，爆香嫩姜丝及青椒丝、红椒丝。

⑤倒入猪腰丝，调入料酒、蚝油、盐。

⑥加入味精，用水淀粉勾芡炒匀即可。

制作指导

烹饪时加入少许柠檬液，不仅可以降低猪腰的腥味，而且还能提升菜品的鲜味。

🌿 辣子肥肠

🍖 **材料** 肥肠400克，青椒、红椒各20克，干辣椒5克，姜片、蒜末、葱白各少许

🍶 **调料** 食用油、盐、老抽、生抽、料酒、味精、鸡粉、辣椒酱、辣椒油、水淀粉各适量

🍲 **做法**

❶ 青椒、红椒均洗净切成圈；肥肠洗净切成块。

❷ 用食用油起锅，爆香姜片、蒜末、葱白，倒入干辣椒，倒入肥肠炒至熟。

❸ 调入老抽、生抽、料酒，倒入青椒、红椒，淋入辣椒酱、辣椒油。

❹ 加入盐、味精、鸡粉，加入少许水淀粉勾芡，炒匀，盛入盘内即可。

🔺 **制作指导**

用淘米水清洗猪肠，反复几次，可以洗得较干净。

🔺 **营养功效**

猪肠性寒，味甘，归大、小肠经，有润肠、祛风、解毒、止血的功效。

泡椒肥肠

材料 熟大肠300克, 灯笼泡椒60克, 蒜梗30克, 干辣椒、姜片、蒜末、葱白各少许

调料 盐3克, 水淀粉10毫升, 鸡粉3克, 老抽3毫升, 白糖3克, 食用油、料酒各适量

做法

①蒜梗洗净切段; 灯笼泡椒对半切开; 熟大肠切成块。

②用食用油起锅, 爆香姜片、蒜末、葱白, 倒入肥肠、干辣椒翻炒匀。

③加入老抽、料酒炒香, 倒入灯笼泡椒, 加入蒜梗, 调入盐、白糖、鸡粉。

④用水淀粉勾芡, 加少许烧热的食用油炒匀, 盛出装入盘中即可。

制作指导

清洗大肠时, 可以用醋浸泡一会儿, 可去其腥味。

泡椒猪小肠

材料 熟猪小肠150克, 白萝卜250克, 灯笼泡椒30克, 蒜末、姜片、郫县豆瓣、葱白各少许

调料 味精、盐、鸡粉、水淀粉、料酒、蚝油、食用油各适量

做法

①白萝卜去皮, 洗净, 切片; 灯笼泡椒对半切开; 熟猪小肠切段。

②锅中注水烧开, 放入盐后倒入白萝卜, 煮熟捞出, 再倒入猪小肠, 煮片刻后捞出。

③用食用油起锅, 炒香蒜末、姜片、郫县豆瓣、葱白, 倒入熟猪小肠、灯笼泡椒, 加料酒、蚝油炒匀。

④放入白萝卜片, 加入味精、盐、鸡粉、水淀粉和蚝油炒至食材入味即可。

制作指导

将猪小肠浸泡在苏打水中半小时, 用水洗净, 然后再用开水汆烫, 可去除其异味。

🌱 干煸肥肠

🔖 **材料** 熟肥肠200克，洋葱70克，干辣椒7克，花椒6克，蒜末、葱花各少许

🔖 **调料** 鸡粉、盐各2克，辣椒油适量，生抽4毫升，食用油适量

🔖 **做法**

❶ 洗净的洋葱切成小块；熟肥肠切成段。

❷ 锅中注入食用油烧热，倒入洋葱块炸熟，捞出沥油。

❸ 锅底留油烧热，放入蒜末、干辣椒、花椒爆香。

❹ 倒入肥肠炒匀，淋入生抽炒匀。

❺ 放入炸好的洋葱块，炒匀。

❻ 加入鸡粉、盐、辣椒油，拌匀。

❼ 撒上备好的葱花，炒出香味。

❽ 关火后盛出炒好的菜肴即可。

尖椒炒猪肚

材料 熟猪肚250克，青椒150克，红椒40克，姜片、蒜蓉、葱段各少许

调料 盐3克，料酒、味精、辣椒酱、蚝油、芝麻油、水淀粉、食用油各少许

做法

❶ 熟猪肚切薄片；红椒、青椒均洗净去籽，切菱形片。

❷ 油锅烧热，爆香葱段、姜片、蒜蓉。

❸ 倒入熟猪肚片，放入辣椒酱，炒匀。

❹ 倒入料酒提鲜，加入青椒片、红椒片，拌炒至断生。

❺ 转小火，加盐、味精调味，放入少许蚝油翻炒至入味。

❻ 用水淀粉勾芡，淋入芝麻油，翻炒均匀即成。

制作指导 由于熟猪肚韧性强，所以切时不宜太大块，以免食用时久嚼不烂。

营养功效 猪肚含有蛋白质、碳水化合物、脂肪、钙、磷、铁、维生素B_2、烟碱等，对脾虚腹泻、虚劳瘦弱等症有食疗作用。

泡椒爆猪肝

材料 猪肝200克，木耳80克，胡萝卜60克，青椒20克，泡椒15克，姜片、蒜末、葱段各少许

调料 盐4克，鸡粉3克，料酒10毫升，郫县豆瓣8克，水淀粉10毫升，食用油适量

做法

❶ 木耳、青椒均洗净，切块；胡萝卜去皮，切片。

❷ 泡椒对半切开；猪肝洗净，切片。

❸ 猪肝中加盐、鸡粉、料酒、水淀粉腌制。

❹ 木耳、胡萝卜片先焯熟。

❺ 用食用油起锅，爆香姜片、葱段、蒜末。

❻ 倒入猪肝片，炒熟，淋入料酒。

❼ 加入郫县豆瓣、木耳、胡萝卜、青椒、泡椒炒匀。

❽ 加入盐、鸡粉、水淀粉炒匀，盛出即可。

🌱 干锅猪肘

🔖 材料 卤猪肘200克，菜心20克，干辣椒15克，高汤、花椒、姜片、葱段各适量

🔖 调料 盐2克，味精、白糖、蚝油、料酒、辣椒油、郫县豆瓣、食用油各适量

🔖 做法

① 卤猪肘切成块；菜心洗净，切开梗。

② 用食用油起锅，倒入干辣椒、花椒、姜片和葱段爆香。

③ 加入郫县豆瓣拌匀，倒入卤猪肘、菜心，翻炒片刻。

④ 加入料酒，再倒入高汤拌炒匀。

⑤ 焖煮至卤猪肘入味，调入盐、味精、白糖、蚝油。

⑥ 淋入少许辣椒油，撒入葱段，拌匀，盛入干锅内即成。

🔺 制作指导 修割卤猪肘时，皮面要留长一点。因为猪肘皮加热后会收缩，而肌肉收缩性较小。

🍄 营养功效 猪肘富含蛋白质，特别是含有大量的胶原蛋白，可使皮肤丰满、润泽，还能健体增肥，是体质虚弱者的食疗佳品。

回锅猪肘

🥬 **材料** 卤猪肘160克，杭椒25克，蒜末、朝天椒末各适量

🍶 **调料** 盐2克，蚝油、味精、料酒、水淀粉、郫县豆瓣、食用油各适量

👨‍🍳 **做法**

❶ 卤猪肘切成片；洗好的杭椒切成片。

❷ 热锅中注入食用油，倒入卤猪肘翻炒片刻。

❸ 倒入蒜末、朝天椒末拌炒匀。

❹ 加入郫县豆瓣，炒出香味。

❺ 淋入料酒拌匀。

❻ 倒入切好的杭椒拌炒至熟。

❼ 加入适量盐、蚝油炒匀入味。

❽ 加入味精炒匀，用水淀粉勾芡，盛入盘中即可。

🍃 香辣猪手

📋 材料 猪手200克，生姜片、干辣椒、草果、香叶、桂皮、干姜、八角、花椒、姜片、葱结各适量

🧂 调料 郫县豆瓣10克，麻辣鲜露5毫升，盐25克，味精20克，生抽、老抽、食用油各适量

🍳 做法

❶ 热锅中注入食用油，炒香姜片、葱结。

❷ 倒入草果、香叶、桂皮、干姜、八角、花椒、郫县豆瓣。

❸ 加入水、麻辣鲜露、盐、味精、生抽、老抽煮成卤水。

❹ 卤水倒入锅中，加入姜片、干辣椒、猪手。

❺ 小火卤煮30分钟，取出猪手装入盘中。

❻ 浇上少许卤汁，盛出即可。

🔺 制作指导 猪手入锅卤制前，用竹签在猪皮上扎孔，可以缩短卤制时间，而且更易入味。

🍲 营养功效 猪手含较多的脂肪和碳水化合物，并含有维生素A、维生素E及钙、磷、铁等矿物质，具有补虚弱、填肾精等功效。

🥬 东坡肘子

材料 猪肘700克,豌豆20克,西蓝花50克,葱段、姜片各少许

调料 盐4克,味精、鸡粉各2克,糖色、白糖、蚝油、水淀粉、老抽、芝麻油、食用油各适量

做法

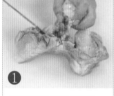

❶ 将猪肘煮熟捞出,剔骨取肉。

❷ 猪皮用糖色抹匀,放入烧热的油锅中炸好捞出。

❸ 锅中入猪肘骨头、水、姜片、葱段、猪肘肉炖3小时。

❹ 放入豌豆、盐、味精、白糖、蚝油、老抽煮20分钟。

❺ 锅中加入水、盐、鸡粉、食用油、倒入西蓝花,焯熟捞出。

❻ 将猪肘肉从砂煲中取出,装入盘中。

❼ 汤汁倒入锅中煮沸,用水淀粉勾芡,加入芝麻油拌匀。

❽ 将西蓝花摆入盘中,将浓汤汁淋在猪肘肉上即可。

🍵 小炒牛肉丝

材料 牛里脊肉300克，茭白100克，洋葱70克，青椒25克，红椒25克，姜片、蒜末、葱段各少许

调料 食粉3克，盐、鸡粉各4克，水淀粉4毫升，生抽、料酒各5毫升，郫县豆瓣、食用油各适量

做法

❶ 将洋葱、青椒、红椒、茭白、牛里脊肉均洗净切丝。

❷ 牛里脊肉用食粉、生抽、鸡粉、盐、水淀粉、食用油腌制。

❸ 茭白丝入沸水锅，加盐煮熟捞出；牛里脊肉丝滑油捞出。

❹ 锅底留油，加入姜片、葱段、蒜末、郫县豆瓣、洋葱炒匀。

❺ 倒入青椒丝、红椒丝、茭白丝、牛肉丝炒匀。

❻ 加入料酒、生抽、盐、鸡粉、水淀粉勾芡炒匀即可。

制作指导 牛肉入锅后，应大火快炒，炒至变色后即可出锅，以免肉质变老，口感变差。

营养功效 牛肉含有蛋白质、B族维生素、钙、铁等成分，具有增强免疫力、补中益气、滋养脾胃、强健筋骨等功效。

合格证 检验员：1

麻辣牛肉

🥬 **材料** 牛肉300克，青椒、红椒各15克，辣椒面6克，姜片、蒜末、葱白各适量

🥄 **调料** 食用油30毫升，盐3克，食粉、生抽、生粉、味精、料酒、鸡粉、蚝油、老抽、花椒油、辣椒油、水淀粉各适量

👨‍🍳 **做法**

❶ 红椒、青椒均洗净切块；牛肉切片用食粉、生抽、味精、盐、生粉、食用油腌制。

❷ 将青椒、红椒焯水后捞出；用食用油起锅，倒入牛肉片，滑油捞出。

❸ 锅底留油，放入姜片、蒜末、葱白、辣椒面、青椒、红椒、牛肉片、盐、鸡粉。

❹ 加入蚝油、老抽、料酒、花椒油、辣椒油炒熟，用水淀粉勾芡即可。

🔺 **制作指导**

牛肉用冷水浸泡20分钟再烹饪，可去除血水，同时也能去除腥味。

🔺 **营养功效**

牛肉是高蛋白质、低脂肪的优质肉类，能提高机体抗病能力，促进骨骼生长。

🍃 平锅牛肉

材料 牛肉400克,蒜薹60克,朝天椒25克,大白菜叶30克,姜片、蒜末、葱白各少许

调料 食用油、盐、食粉、生抽、味精、白糖、生粉、料酒、蚝油、辣椒酱、水淀粉各适量

做法

①牛肉洗净切块;蒜薹、朝天椒均洗净切丁。
②牛肉中加入盐、食粉、生抽、味精、白糖、生粉、食用油腌制10分钟。
③将大白菜叶、蒜薹、牛肉焯水捞出;热油锅,放入牛肉滑油至变色捞出。
④锅底留油,倒入姜片、蒜末、葱白、朝天椒、蒜薹、牛肉、水淀粉、料酒、辣椒酱、耗油炒匀,倒入锅底铺大白菜叶的锅中。

制作指导

牛肉的纤维组织较粗,应横切,将长纤维切断,这样牛肉既易入味,还易嚼烂。

🍃 陈皮牛肉

材料 牛肉350克,陈皮20克,蒜苗段50克,红椒片25克,姜片、蒜末、葱白各少许

调料 食用油、盐、味精、食粉、生抽、生粉、蚝油、白糖、料酒、辣椒酱、水淀粉各适量

做法

①牛肉洗净切片,加入盐、味精、食粉、生抽、生粉、食用油腌制。
②热油锅,放入牛肉片滑油捞出。
③锅底留油,爆香姜片、蒜末、葱白。
④倒入陈皮、红椒片、牛肉片。
⑤加入盐、蚝油、味精、白糖,放入料酒、辣椒酱,加入水淀粉勾芡,撒上蒜苗段,淋入烧热的食用油炒匀即可。

制作指导

由于牛肉是用水淀粉腌制过的,下锅炒时极易粘锅,可洒适量清水炒散、炒匀。

干煸牛肉丝

🥗 **材料** 牛肉300克，胡萝卜95克，芹菜90克，花椒、干辣椒、蒜末各少许

🧂 **调料** 盐4克，鸡粉3克，生抽、水淀粉各5毫升，料酒10毫升，郫县豆瓣10克，食粉、食用油各适量

🍳 **做法**

❶ 芹菜洗净切段；胡萝卜洗净去皮切条；牛肉洗净切丝。

❷ 牛肉丝用食粉、生抽、盐、鸡粉、水淀粉、食用油腌制。

❸ 锅中注入水烧开，加入盐、胡萝卜条，煮1分钟捞出。

❹ 热锅中注入食用油烧热，倒入牛肉丝，滑油后捞出。

❺ 锅底留油，放入花椒、干辣椒、蒜末、胡萝卜条、芹菜段炒匀。

❻ 倒入牛肉丝炒匀。

❼ 淋入料酒，放入少许郫县豆瓣、生抽。

❽ 加入盐、鸡粉，炒匀至入味即可。

🍃 双椒炒牛肉

材料 牛肉200克，青椒、红椒各20克，小米泡椒35克，姜片、蒜末、葱段、葱花各少许

调料 盐、味精各5克，水淀粉10毫升，食粉、生抽、料酒、蚝油、食用油、郫县豆瓣各适量

做法

❶ 小米泡椒切段；红椒、青椒均洗净切圈；牛肉洗净切片。

❷ 牛肉片加入食粉、生抽、盐、味精拌匀，加入水淀粉拌匀。

❸ 再加入少许食用油腌制10分钟。

❹ 净锅中注入食用油烧热，倒入牛肉片滑油片刻捞出。

❺ 锅底留油，炒香姜片、蒜末、葱段、青椒、红椒、小米泡椒。

❻ 倒入牛肉片、剩余的调料，加入葱花炒匀即可。

🔺制作指导 牛肉不易煮烂，烹饪时放少许山楂、橘皮或茶叶有利于牛肉熟烂。

营养功效 牛肉营养价值甚高，含蛋白质、脂肪、B族维生素及钙、磷、铁等营养成分，特别适宜于手术后、病后调养的人群食用。

川辣红烧牛肉

材料 卤牛肉200克，土豆100克，大葱30克，干辣椒10克，香叶4克，八角、蒜末、姜片各少许

调料 生抽5毫升，老抽2毫升，料酒4毫升，郫县豆瓣10克，水淀粉、食用油各适量

做法

❶ 卤牛肉切块；大葱洗净切段；土豆洗净去皮切块，入油锅炸熟捞出。

❷ 锅底留油，炒香干辣椒、香叶、八角、蒜末、姜片，放入卤牛肉块，炒匀。

❸ 加入料酒、郫县豆瓣、生抽、老抽，炒匀，加水煮20分钟。

❹ 倒入土豆、大葱炒匀，续煮至熟，拣出香叶、八角，加水淀粉勾芡即可。

制作指导

炸土豆时油温不宜过高，以免炸焦。

营养功效

土豆与牛肉搭配具有益气活血的功效，经常食用能够提高人体免疫力。

泡椒炒牛肉

材料 牛肉200克，灯笼泡椒、青泡椒、泡菜、朝天椒末各适量，姜片、蒜片、葱白、葱段各少许

调料 盐、味精、料酒、生抽、水淀粉、食粉、食用油各适量

做法

①灯笼泡椒切半；牛肉洗净切片，倒入适量食粉、盐、味精、料酒、水淀粉、食用油，浸制10分钟。

②热锅中注入食用油，倒入牛肉片，滑油捞出。

③锅留底油，爆香姜片、蒜片、葱白，倒入灯笼泡椒、青泡椒、泡菜和朝天椒末炒匀，倒入牛肉片、生抽拌匀。

④撒入葱段，翻炒匀，盛入盘中即可。

制作指导

炒牛肉时不宜加入碱，因为加入碱后，牛肉中的蛋白质会因沉淀变性而失去营养价值。

牙签牛肉

材料 牛肉200克，牙签适量，干辣椒15克，花椒5克，葱15克，生姜块30克

调料 盐、味精、郫县豆瓣、料酒、水淀粉、花椒粉、孜然粉、白芝麻、食用油各适量

做法

①牛肉洗净切小块；生姜去皮，洗净，切末；葱切葱花；葱花、生姜末装入碗中加入料酒，拌匀，加入盐、味精、水淀粉，将牛肉腌制10分钟，用竹签将牛肉串成波浪形。

②热锅注油烧热，倒入牛肉炸熟捞出。

③锅底留油，放入花椒、干辣椒、姜末、郫县豆瓣、牛肉、孜然粉、花椒粉炒匀。

④盛出炒好的菜肴，撒白芝麻、葱花即可。

制作指导

烹饪牛肉时用油要多，火力要旺，短时间内起碟，这样牛肉才会香嫩可口。

🌱 鱼香牛柳

材料 牛肉150克，莴笋100克，竹笋100克，木耳80克，红椒15克，姜片、蒜末、葱段各少许

调料 郫县豆瓣10克，盐4克，鸡粉3克，食粉2克，生抽、陈醋、水淀粉、食用油各适量

做法

❶ 木耳、竹笋、莴笋、红椒均洗净切丝；牛肉拍松切成牛柳。

❷ 牛柳中加入生抽、盐、鸡粉、食粉、水淀粉、食用油腌制；竹笋、木耳焯水。

❸ 起油锅，爆香姜片、蒜末、葱段，放入牛柳滑炒，倒入莴笋、红椒、竹笋、木耳。

❹ 调入料酒、郫县豆瓣、盐、鸡粉、生抽、陈醋，加入水淀粉勾芡即成。

制作指导

泡发干木耳时，需要多换几次清水，这样能够最大限度地去除杂质。

营养功效

木耳中铁的含量极为丰富，对于缺铁性贫血病患者很有食疗价值。

🌱 水煮牛肉

🍄 **材料** 牛肉500克，豆芽、莴笋、蒜末、姜片、红辣椒段、花椒、葱花、高汤各适量

🥄 **调料** 盐、味精、醪糟汁、水淀粉、郫县豆瓣、白糖、蚝油、老抽、辣椒粉、花椒粉、辣椒油、食用油各适量

🍲 **做法**

①牛肉、莴笋均洗净切片；牛肉中加入盐、味精、醪糟汁、水淀粉腌制。

②用食用油起锅，炒香姜片、红辣椒段、花椒，加入郫县豆瓣、高汤、盐、味精、白糖、蚝油、老抽煮沸，拣出姜片、红辣椒段、花椒，倒入豆芽、莴笋煮熟，装碗。

③牛肉煮熟后勾芡盛出，加入蒜末、辣椒粉、花椒粉、葱花、辣椒油即可。

🔺 **制作指导**

牛肉烹时用油要多，火力要旺，短时间内起锅，牛肉就会香嫩可口。

🌱 金汤肥牛

🍄 **材料** 熟南瓜300克，肥牛卷200克，朝天椒圈少许

🥄 **调料** 盐、味精、鸡粉、水淀粉、料酒、食用油各适量

🍲 **做法**

①熟南瓜装碗，加入清水，将南瓜压烂拌匀，滤出南瓜汁备用。

②锅中加入水烧开，放入肥牛卷，煮沸捞出。

③用食用油起锅，倒入肥牛卷，加入料酒炒香，倒入南瓜汁。

④加入盐、味精、鸡粉调味，加入水淀粉勾芡，淋入烧热的食用油拌匀。

⑤烧煮至入味，盛出装盘，用朝天椒圈点缀即可。

🔺 **制作指导**

煮牛肉卷时应注意火候，不要将其煮得过熟，太熟牛肉会变老，影响口感。

葱韭牛肉

📩 **材料** 牛腱肉300克，南瓜220克，韭菜70克，小米椒15克，泡小米椒20克，姜片、葱段、蒜末各少许

🥄 **调料** 鸡粉2克，盐3克，郫县豆瓣12克，料酒、生抽、老抽、五香粉、水淀粉、冰糖各适量

🍳 **做法**

❶ 沸水锅中加入老抽、鸡粉、盐、牛腱肉、五香粉拌匀。

❷ 烧开后用小火煮1小时至牛肉熟后捞出，沥干，放凉。

❸ 小米椒洗净切圈；泡小米椒切碎；韭菜洗净切段。

❹ 洗净去皮的南瓜切块；放凉的牛腱肉切块。

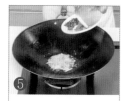
❺ 用食用油起锅，放入蒜末、姜片、葱段、小米椒、泡小米椒炒香。

❻ 放入牛肉块、料酒、郫县豆瓣、生抽、老抽、盐炒匀。

❼ 放入南瓜块、冰糖、水、鸡粉炒匀，煮开后续煮30分钟。

❽ 倒入韭菜段，炒匀，用水淀粉勾芡即可。

辣炒牛肉

材料 牛肉200克，洋葱100克，胡萝卜80克，干辣椒7克，青椒20克，姜片、蒜末、葱白各少许

调料 盐3克，味精、鸡粉、蚝油、生抽、辣椒酱、辣椒油、食用油、食粉、水淀粉各适量

做法

①洋葱洗净切片；胡萝卜洗净切片。

②牛肉洗净切片，加入食粉、生抽、味精、盐、水淀粉、食用油腌制。

③青椒、胡萝卜、洋葱、牛肉滑油捞出。

④锅底留油，爆香蒜末、姜片、葱白、干辣椒，加入青椒、胡萝卜、洋葱、牛肉、盐、味精、鸡粉、蚝油、辣椒酱。

⑤加入辣椒油，加入水淀粉勾芡即可。

 制作指导

炒牛肉时，可加入料酒，这样不仅能去腥和增加牛肉口感，还可提高牛肉的营养价值。

朝天椒炒牛肉

材料 牛肉300克，黄瓜150克，朝天椒20克，姜片、蒜末、葱白各少许

调料 盐3克，味精1克，辣椒酱20克，蚝油4克，料酒15毫升，生抽、鸡粉、芝麻油、水淀粉、食用油各适量

做法

①黄瓜切丁；朝天椒切圈；牛肉切丁，加入盐、味精、生抽、水淀粉、食用油腌制。

②用食用油起锅，倒入牛肉滑油捞出。

③锅底留油，炒香姜片、蒜末、葱白、朝天椒，倒入黄瓜丁、牛肉丁。

④调入料酒、盐、味精、蚝油、鸡粉。

⑤加辣椒酱炒匀，加入水淀粉勾芡。

⑥淋入少许芝麻油，翻炒片刻即可。

 制作指导

红烧牛肉时，加入少许雪里蕻，可使牛肉味道更加鲜美爽口。

开胃双椒牛腩

材料 熟牛腩300克，青椒、红椒各20克，姜片、蒜末、葱白各少许

调料 辣椒酱10克，料酒、生抽、盐、鸡粉、水淀粉、食用油各适量

做法

❶ 熟牛腩切成小块；洗净的红椒、青椒均切成圈。

❷ 用食用油起锅，烧热，倒入姜片、蒜末、葱白爆香，倒入熟牛腩炒匀。

❸ 加入辣椒酱、料酒、生抽、盐、鸡粉、清水，煮约1分钟至入味。

❹ 转中火，倒入青椒圈、红椒圈炒至断生，用水淀粉勾芡即成。

制作指导

烧牛腩（或羊肉、肥肉）时，放几枚红枣，肉会烂得特别快。

营养功效

牛腩含矿物质和B族维生素等，对促进人体发育和骨骼的生长很有帮助。

香辣牛腩煲

材料 熟牛腩200克，葱段15克，干辣椒10克，山楂干15克，冰糖30克，蒜头35克，草果15克，八角8克

调料 盐2克，鸡粉2克，料酒10毫升，郫县豆瓣10克，陈醋8毫升，辣椒油10毫升，水淀粉5毫升，食用油适量

做法
①熟牛腩切块；蒜头洗净切片。
②热油炒香草果、八角、山楂干、蒜片。
③放入干辣椒、冰糖、熟牛腩块炒匀。
④加入料酒、郫县豆瓣、陈醋、水、盐、鸡粉、辣椒油炒匀，小火焖15分钟。
⑤至食材熟透，倒入水淀粉勾芡。
⑥食材装入砂煲烧热，撒上葱段即可。

制作指导
加入郫县豆瓣后，要用小火慢炒才能炒出红油，而且香味会更足。

冬笋牛腩

材料 冬笋300克，熟牛腩200克，胡萝卜块30克，姜片、蒜末、葱段各少许

调料 料酒4毫升，老抽4毫升，生抽4毫升，白糖3克，水淀粉、食用油各适量

做法
①冬笋洗净，切滚刀块；熟牛腩切小块。
②用食用油起锅，倒入冬笋、胡萝卜块滑油捞出。
③用食用油起锅，炒香姜片、蒜末，倒入牛腩块、料酒、老抽、生抽、冬笋、胡萝卜块炒匀，注水，加入白糖调味。
④中火煮至食材熟软，大火收汁，倒入水淀粉勾芡，放入热油、葱段炒熟即成。

制作指导
牛腩块切得小一些，炒时更容易入味。另外，加入少许郫县豆瓣会让此菜更美味。

土豆炖牛腩

📥 材料 熟牛腩100克, 土豆120克, 红椒30克, 蒜末、姜片、葱段各少许

🫗 调料 盐3克, 鸡粉2克, 料酒4毫升, 郫县豆瓣10克, 生抽10毫升, 水淀粉4毫升, 食用油适量

🔄 做法

❶ 洗净去皮的土豆切成丁; 洗净的红椒切成小块。

❷ 将熟牛腩切成块。

❸ 用油起锅, 倒入姜片、蒜末、葱段, 爆香。

❹ 放入切好的牛腩, 炒匀。

❺ 加入料酒、郫县豆瓣, 翻炒匀, 放入生抽, 炒匀提味。

❻ 锅中加入适量清水, 倒入土豆丁, 加入盐、鸡粉, 炒匀。

❼ 用小火炖15分钟, 再放入红椒块, 翻炒匀。

❽ 倒入适量水淀粉, 快速炒匀, 盛出, 装入盘中即可。

🌱 青椒炒牛心

🔖 **材料** 牛心200克,青椒45克,红椒15克,姜片、蒜末、葱白各少许

🔖 **调料** 盐3克,味精1克,生粉2克,蚝油4克,辣椒酱20克,生抽、料酒、水淀粉、食用油各适量

🔖 **做法**

❶ 青椒、红椒均洗净切块;牛心切片加入盐、味精、生抽、生粉腌制。

❷ 水烧开,加入食用油、青椒、红椒煮沸捞出;牛心氽熟捞出。

❸ 用食用油起锅,倒入姜片、蒜末、葱白,大火爆香。

❹ 倒入牛心翻炒匀,淋入料酒炒香。

❺ 倒入青椒块、红椒块、盐、味精、生抽、蚝油。

❻ 加入辣椒酱炒匀调味,用水淀粉勾芡即成。

🔖 **制作指导** 牛心形大,卤煮前可先剖开挖挤去瘀血,切去筋络,这样卤好的牛心味更醇。

🔖 **营养功效** 牛心富含蛋白质、脂肪、碳水化合物、维生素、尼克酸、钠等成分,有明目、健脑、健脾、温肺、益肝、补肾之功效。

生炒脆肚

材料 鲜牛肚300克，小米椒30克，灯笼泡椒20克，蒜末、葱白各少许

调料 盐、鸡粉、白糖、辣椒酱、料酒、胡椒粒、水淀粉、食用油各适量

做法

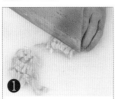

❶ 灯笼泡椒对半切开；小米椒洗净切段；鲜牛肚洗净打上花刀，切块。

❷ 锅中加入水烧开，放入胡椒粒，倒入鲜牛肚块煮约2分钟至熟，捞出。

❸ 用食用油起锅，放入蒜末、葱白、牛肚块、料酒、小米椒和灯笼泡椒炒匀。

❹ 加入辣椒酱、盐、鸡粉、白糖，用水淀粉勾芡，淋入烧热的食用油炒匀。

制作指导

煮鲜牛肚时，加入少许胡椒粒同煮，便可去除其异味。

营养功效

牛肚富含蛋白质、钙、磷、铁等成分，有开胃、补气、补虚之功效。

姜葱炒牛肚

材料 熟牛肚150克，葱40克，生姜45克，红椒片、蒜末各少许

调料 盐、味精、蚝油、水淀粉、食用油各适量

做法

①将去皮洗净的生姜切成薄片；洗净的葱切段；熟牛肚切斜成片。

②热水锅中倒入熟牛肚片，加入少许盐，煮沸，用漏勺捞出。

③用食用油起锅，倒入蒜末爆香，放入生姜片、葱白、熟牛肚片炒匀。

④加入料酒，倒入红椒片翻炒。

⑤加入盐、味精、蚝油，炒至入味，倒入葱叶炒匀。

⑥加入水淀粉勾芡，炒匀即可。

制作指导

如果想要牛肚的味道酸爽、麻辣，烹饪时可以酌情加入泡椒和花椒油。

小炒鲜牛肚

材料 熟牛肚200克，蒜薹80克，蒜末、姜片、红椒丝各少许

调料 盐、味精、辣椒酱、水淀粉、食用油各适量

做法

①蒜薹洗净切成段；熟牛肚洗净切成丝。

②锅置旺火上，注入食用油烧热，倒入蒜末、姜片煸香。

③倒入切好的熟牛肚丝，拌炒片刻，放入蒜薹段，翻炒约3分钟至熟。

④加入辣椒酱、盐、味精。

⑤放入红椒丝，翻炒均匀。

⑥加入少许水淀粉勾芡，拌炒均匀，盛入盘内即成。

制作指导

将牛肚放入热水锅中，加葱、姜、料酒煮熟，可去除其异味。

家常牛肚

🍄 **材料** 熟牛肚200克，青椒15克，红椒15克，干辣椒、姜片、蒜末、葱白各少许

🧂 **调料** 盐3克，料酒10毫升，郫县豆瓣10克，生抽3毫升，鸡粉、水淀粉、食用油各适量

🍳 **做法**

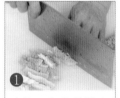

❶ 青椒、红椒均洗净切开，去籽切丁；熟牛肚切块。

❷ 锅中加入水烧开，加入料酒，倒入熟牛肚块焯水，捞出。

❸ 用食用油起锅，爆香干辣椒、姜片、蒜末、葱白。

❹ 倒入青椒丁、红椒丁、熟牛肚块，炒匀。

❺ 淋入余下的料酒，炒香。

❻ 加入盐、鸡粉、生抽、郫县豆瓣，炒匀调味。

❼ 倒入少许水淀粉勾芡，拌炒片刻至入味。

❽ 将炒好的食材盛出装入盘中即可。

川香肚丝

材料 牛肚150克，青椒、红椒各70克，姜丝、葱白、蒜末各少许

调料 盐3克，蚝油3克，料酒、味精、郫县豆瓣、白糖、花椒油、食用油各适量

做法

❶ 牛肚洗净切丝；洗净的青椒、红椒均切开，去籽切丝。

❷ 用食用油起锅，爆香姜丝、蒜末、葱白。

❸ 倒入青椒丝、红椒丝，炒香。

❹ 放入切好的牛肚丝拌炒均匀，再淋入少许料酒。

❺ 加入盐、味精、白糖、蚝油，倒入郫县豆瓣，炒匀调味。

❻ 加入少许花椒油，拌炒匀即成。

制作指导 牛肚要刮净黑膜和黏液，然后冲洗干净，以免影响其口感。

营养功效 牛肚含有蛋白质、脂肪、钙、磷、铁、核黄素、硫胺酸等，具有补益脾胃、补气养血、补虚益精、消渴之功效。

双椒爆羊肉

材料 羊肉350克，青椒25克，红椒15克，蒜苗段20克，姜片、葱白各少许

调料 盐3克，味精1克，白糖、生抽、辣椒酱、生粉、食用油各适量

做法

❶ 洗好的青椒、红椒去籽，切成片；洗好的羊肉切成片。

❷ 羊肉中加入生抽、盐、味精、生粉、食用油腌制片刻，再入油锅滑油后捞出。

❸ 锅底留油，倒入姜片、葱白爆香，加入蒜苗梗、青椒片、红椒片、羊肉片炒匀。

❹ 加入盐、味精、白糖、生抽、辣椒酱、蒜苗叶炒匀，用水淀粉勾芡即可。

制作指导

羊肉切块，放入水中，加入米醋煮沸后捞出，再烹调，可去除羊肉膻味。

营养功效

羊肉肉质细嫩，容易消化，具有高蛋白、低脂肪、磷脂含量高的特点。

红油羊肉

材料 羊肉400克，红油适量，蒜末、葱花、姜片、葱结、八角、桂皮各适量

调料 盐、芝麻油、料酒、花椒油、食用油各适量

做法

①锅中加入适量清水，放入姜片、葱结、八角、桂皮、蒜末。

②水烧开后加入料酒、盐、羊肉烧开。

③盖上盖，转小火煮1小时至羊肉入味。

④取出羊肉，待凉后放入冰箱冷冻1小时。

⑤取出冻好的羊肉，切薄片，摆入盘内。

⑥取红油，加入蒜末、葱花、盐、芝麻油、花椒油拌匀，浇在羊肉片上即成。

制作指导

羊肉切片时，切得薄一些才更易入味。

干锅羊肉

材料 羊肉350克，洋葱130克，干辣椒段10克，香菜15克，姜片、蒜末各适量

调料 盐、鸡粉、味精、料酒、水淀粉、蚝油、食用油各适量

做法

①羊肉、洋葱、香菜均洗净改刀。

②羊肉中加入盐、味精、料酒、水淀粉、食用油拌匀，腌制10分钟至入味。

③炒锅热油，倒入洋葱、盐、鸡粉炒匀，盛入干锅中垫底。

④用食用油起锅，炒香姜片、蒜末、羊肉、干辣椒段，放入香菜，加水煮开。

⑤加入蚝油炒匀调味，出锅盛入装有洋葱的干锅中即可。

制作指导

羊肉中有很多膜，切丝之前应先将其剔除，否则炒熟后肉膜硬，吃起来难以下咽。

板栗羊肉

材料 羊肉250克，板栗肉100克，胡萝卜70克，八角、桂皮各2克，姜片、蒜末、葱白各少许

调料 盐3克，鸡粉2克，白糖3克，料酒、生抽、老抽、食用油各适量

做法

❶ 胡萝卜去皮洗净切块；板栗肉治净切半；羊肉洗净切块，氽水捞出。

❷ 用食用油起锅，放入姜片、蒜末、葱白、桂皮、八角、羊肉、料酒炒匀。

❸ 加入老抽、生抽炒匀，放入水、板栗肉、胡萝卜块、盐、鸡粉、白糖。

❹ 用小火焖约40分钟，加水淀粉勾芡，炒至入味，盛出装入盘中即可。

制作指导

清洗时应将羊肉中的膜剔除，否则煮熟后肉膜变硬，会使羊肉的口感变差。

营养功效

羊肉肉质细嫩，容易消化，与板栗一起食用具有补气益血的功效。

干锅烧羊柳

材料 羊柳180克，洋葱200克，青椒50克，红椒35克，蒜苗段35克，姜片、蒜末、干辣椒各少许

调料 盐、味精、料酒、白糖、水淀粉、食用油各适量

做法

①洋葱、青椒、红椒均洗净切丝。
②羊柳洗净切丝，加入盐、味精、料酒、水淀粉、食用油腌制至入味。
③用食用油起锅，倒入羊柳丝滑熟捞出。
④锅留底油，放入姜片、蒜末、干辣椒炒香，倒入洋葱丝、青椒丝、红椒丝炒匀。
⑤再将羊柳丝倒入锅中，淋入料酒、清水，调入味精、盐、白糖、水淀粉。
⑥倒入蒜苗段，炒至汁干即成。

制作指导

炒制洋葱前，先将洋葱裹上适量的水淀粉，可以保持其清脆、香甜的口感。

双椒豆豉羊肉末

材料 羊肉200克，青椒、红椒各30克，豆豉、姜片、蒜末各少许

调料 水淀粉10毫升，盐3克，料酒3毫升，鸡粉、老抽、食用油各适量

做法

①青椒、红椒均洗净切圈；羊肉洗净剁末。
②用食用油起锅，倒入羊肉末炒至转色，淋入少许料酒，加入老抽，炒香，盛出。
③用食用油起锅，爆香豆豉、姜片、蒜末，倒入青椒圈、红椒圈、羊肉末炒匀，淋入少许料酒。
④加入适量盐、鸡粉，炒匀。
⑤倒入少许水淀粉，勾芡。
⑥将锅中材料炒至入味即可。

制作指导

烹饪此菜时，羊肉要剁细，才易入味。此外豆豉含盐高，故烹饪时要少放盐。

🌿 干锅羊排

🔖 **材料** 卤羊排500克，洋葱130克，干辣椒15克，香菜10克，姜片、葱白各少许

🥄 **调料** 盐、鸡粉、辣椒酱、料酒、味精、蚝油、食用油各适量

🍲 **做法**

❶ 将卤羊排斩成块；洋葱洗净切成丝。

❷ 用食用油起锅，倒入洋葱丝炒约1分钟至熟。

❸ 加盐、鸡粉炒匀，盛入干锅中垫底。

❹ 用食用油起锅，爆香姜片、葱白。

❺ 加入辣椒酱、洗好的干辣椒炒香。

❻ 倒入卤羊排块炒匀，调入料酒、味精。

❼ 加入适量蚝油、盐炒至入味。

❽ 起锅，盛入装有洋葱丝的干锅中，撒上香菜即成。

辣子羊排

🍲 **材料** 卤羊排500克，朝天椒末40克，熟白芝麻3克，姜片、葱段各10克，花椒15克

🥄 **调料** 盐、味精、生抽、生粉、料酒、辣椒油、花椒油、食用油各适量

🍯 **做法**

① 卤羊排洗净斩块，放入盘中。

② 卤羊排中加入生抽、生粉抓匀后腌制10分钟至入味。

③ 将卤羊排块炸1~2分钟至表皮金黄色，捞出装盘。

④ 锅留底油，倒入葱白、姜片、花椒、朝天椒末爆香。

⑤ 放入卤羊排块、盐、味精、料酒、辣椒油、花椒油。

⑥ 撒入葱叶炒匀，盛出装盘，撒入熟白芝麻即成。

🔺 **制作指导** 羊排应先用淘米水清洗，将表面脏物洗净后，放热水中汆烫，去除血水，再烹饪。

🔥 **营养功效** 羊肉含蛋白质、脂肪、糖类、维生素A、维生素C等营养成分，具有补肾壮阳、暖中祛寒、温补气血、开胃健脾的功效。

爆炒羊肚丝

材料 熟羊肚250克，洋葱120克，青椒丝20克，红椒丝、姜丝各15克

调料 盐2克，味精、料酒、辣椒酱、食用油各适量

做法

❶ 熟羊肚切细丝；洋葱洗净切丝。

❷ 热锅中注入食用油，烧热时，下入姜丝爆香。

❸ 倒入熟羊肚丝，翻炒均匀，放入少许辣椒酱。

❹ 淋入少许料酒，炒匀入味。

❺ 倒入洋葱，用大火快速翻炒至熟。

❻ 转小火，调入盐、味精，炒匀调味。

❼ 放入青椒丝、红椒丝，炒至熟。

❽ 加入适量水淀粉勾芡，盛出即可。

红焖兔肉

材料 兔肉块350克，香菜15克，姜片、八角、葱段、花椒各少许

调料 柱侯酱10克，花生酱12克，老抽、生抽、料酒、鸡粉、食用油各适量

做法

① 用油起锅，倒入洗净的兔肉块，炒至变色。

② 放入姜片、八角、葱段、花椒，炒出香味。

③ 加入柱侯酱、花生酱炒匀，淋入老抽、生抽，炒匀上色。

④ 淋入少许料酒，注入适量清水，焖约1小时至兔肉熟透。

⑤ 加入鸡粉拌匀，用大火收汁，拣出八角、姜片、葱段。

⑥ 放入香菜梗煮至变软，盛出菜肴，撒上香菜叶即可。

制作指导 兔肉可先氽煮一下再焖煮，这样能减轻腥味。

营养功效 兔肉含有蛋白质、不饱和脂肪酸、维生素B_1、卵磷脂、硫、钾、钠等成分，具有滋阴润燥、补中益气、凉血解毒等功效。

香辣兔丁

🌱 **材料** 熟兔肉500克，红椒15克，蒜末、葱花各少许

🧂 **调料** 盐2克，鸡粉、生抽、辣椒油、食用油各适量

🍳 **做法**

❶ 把熟兔肉斩成块，再斩成丁。

❷ 将洗净的红椒切成圈，待用。

❸ 将熟兔肉丁装入碗中，加入红椒圈。

❹ 加入适量蒜末，再倒入适量葱花。

❺ 倒入少许辣椒油。

❻ 加入适量盐、鸡粉、生抽。

❼ 用勺子搅拌均匀至熟兔肉丁入味。

❽ 将拌好的熟兔肉丁装入盘中即可。

Part 4

禽蛋类

　　禽蛋类食材因其营养非常丰富，在健脑益智、延缓衰老等方面对人类贡献卓著，而一度被许多养生学家认为是"人类最好的营养源"。通过经典的川式烹饪，禽蛋类食材被制作成一道道令人垂涎三尺的美味。川味禽蛋类食材一般有鸡、鸭、鹅、鹌鹑、乳鸽及其蛋类，而为老百姓所熟知的禽蛋菜肴数不胜数，比如棒棒鸡、重庆烧鸡公、泡椒凤爪、口水鸡等等。本章精选了有代表性的川味禽蛋类美食，做法简单，图文并茂，能够让读者快速上手。

重庆口水鸡

材料 熟鸡肉500克，冰块500克，蒜末、姜末、葱花各适量

调料 盐、白糖、白醋、生抽、芝麻油、辣椒油、花椒油、食用油各适量

做法

❶ 取一个大碗，加入清水、冰块，将熟鸡肉放入冰水中浸泡5分钟。

❷ 锅中加辣椒油、花椒油，爆香姜末、蒜末，加入葱花炒匀，盛出装碗。

❸ 调入盐、白糖、白醋、生抽、芝麻油、辣椒油，拌匀，制成调味料。

❹ 取出浸泡好的熟鸡肉，斩成块，装入盘中，浇入调味料即成。

制作指导
此菜可根据个人口味，适量添加辣椒油和花椒油，也可加入少许熟芝麻。

营养功效
鸡肉富含蛋白质、矿物质、维生素等成分，有温中补脾、益气养血的功效。

🍃 重庆烧鸡公

📥 **材料** 公鸡500克，青椒45克，红椒40克，蒜头40克，葱段、姜片、蒜片、花椒、桂皮、八角、干辣椒各适量

🥄 **调料** 郫县豆瓣15克，盐2克，鸡粉2克，生抽8毫升，辣椒油5毫升，花椒油5毫升，食用油适量

🥢 **做法**

①青椒、红椒均洗净切段；公鸡洗净斩块，入沸水锅中汆去血水。

②用食用油起锅，倒入八角、桂皮、花椒、蒜头炒香，倒入公鸡块炒匀。

③加入姜片、蒜片、干辣椒、青椒段、红椒段炒匀，加郫县豆瓣，炒香，放盐、鸡粉、生抽，淋入辣椒油、花椒油，炒匀调味。

④盛出食材，放上葱段即成。

☁ **制作指导**

焯鸡块时可以放入适量白酒，以去除血腥味。

🍃 棒棒鸡

📥 **材料** 鸡胸肉350克，熟芝麻15克，蒜末、葱花各少许

🥄 **调料** 盐4克，料酒10毫升，鸡粉2克，辣椒油5毫升，陈醋5毫升，芝麻酱10克

🥢 **做法**

①锅中注入适量清水烧开，放入整块鸡胸肉，放入盐，淋入适量料酒，加盖，小火煮15分钟至熟，捞出。

②鸡胸肉用擀面杖敲打松散。

③用手把鸡胸肉撕成鸡丝。

④把鸡丝装入碗中，放入蒜末和葱花。

⑤加入盐、鸡粉，淋入辣椒油、陈醋，放入芝麻酱，拌匀调味。

⑥装入盘中，撒上熟芝麻和葱花即可。

☁ **制作指导**

鸡肉煮到九成熟即可，这样味道会更鲜嫩。

辣子鸡

🥬 **材料** 鸡块350克，青椒、红椒各80克，蒜苗100克，干辣椒、姜片、蒜片、葱段各少许

🥄 **调料** 生抽、料酒各10毫升，盐、鸡粉各2克，生粉、郫县豆瓣、辣椒油、水淀粉、食用油各适量

📖 **做法**

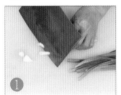

❶ 洗净的蒜苗切段；洗好的青椒切成圈；洗好的红椒切成圈。

❷ 鸡块中加入生抽、盐、鸡粉、料酒、生粉、食用油腌制，入油锅炸熟捞出。

❸ 锅底留油，倒入干辣椒、姜片、蒜片、葱段、蒜苗段、鸡块、料酒炒香。

❹ 加郫县豆瓣、青椒、红椒、蒜苗叶、辣椒油、生抽、盐、鸡粉、水淀粉勾芡炒匀。

💧 **制作指导**

腌制鸡肉时已放了盐，后面炒制时少放些，不然会很咸。

🍲 **营养功效**

鸡肉富含维生素C、维生素E、蛋白质等，有增强免疫力的作用。

🍵 辣子鸡丁

材料 鸡胸肉300克，干辣椒2克，蒜头、姜片少许

调料 盐5克，味精5克，鸡精3克，鸡粉6克，料酒3毫升，生粉、辣椒油、花椒油、食用油各适量

做法

①鸡胸肉洗净切成丁，装碗，加入适量盐、味精、鸡精、料酒、生粉拌匀，腌制10分钟至入味。

②将鸡丁入油锅炸至金黄色捞出。

③用食用油起锅，倒入姜片、蒜头炒香，倒干辣椒、鸡丁炒匀。

④加入盐、味精、鸡粉、辣椒油、花椒油炒至食材入味，盛出装入盘中即可。

制作指导

鸡丁入锅炸时不可炸太久，以免炸焦，影响成品外观和口感。

🍵 宫保鸡丁

材料 鸡胸肉300克，黄瓜800克，花生米50克，干辣椒7克，蒜头10克，姜片少许

调料 盐5克，味精2克，鸡粉3克，料酒3毫升，生粉、食用油、辣椒油、芝麻油各适量

做法

①鸡胸肉、黄瓜、蒜头均洗净切丁；鸡丁中加入盐、味精、料酒、生粉、油腌制。

②锅中注入水烧开，倒入花米生，煮1分钟捞出；分别将花生米、鸡丁炸熟捞出。

③用食用油起锅，爆香蒜丁、姜片，倒入干辣椒、黄瓜丁炒匀，加入盐、味精、鸡粉，倒入鸡丁、辣椒油、芝麻油炒匀，盛出，放入花生米即可。

制作指导

花生不可煮太久，以免影响其酥脆感，也不可炸太久，以免过老，影响口感。

蜀香鸡

🍃 **材料** 鸡翅根350克，鸡蛋1个，青椒15克，干辣椒5克，花椒3克，蒜末、葱花各少许

🍶 **调料** 盐、鸡粉各2克，郫县豆瓣8克，辣椒酱12克，料酒、生抽、生粉、食用油各适量

🍳 **做法**

❶ 青椒洗净切圈；鸡翅根洗好斩小块；鸡蛋搅散成蛋液。

❷ 鸡块中加入蛋液、盐、鸡粉、生粉腌制约10分钟。

❸ 锅中注入食用油烧热，倒入腌制好的鸡块拌匀。

❹ 炸约1分钟，至鸡肉呈金黄色，捞出沥干油，待用。

❺ 锅底留油，烧热，放入蒜末、干辣椒、花椒爆香。

❻ 倒入青椒圈、鸡块，翻炒匀，淋上少许料酒。

❼ 加入郫县豆瓣、生抽、辣椒酱，炒匀调味。

❽ 撒上葱花，用大火翻炒几下即可。

🌿 藤椒鸡

🔘 材料 鸡肉块350克，莲藕150克，小米椒30克，香菜20克，姜片、蒜末各少许

🍶 调料 生抽、料酒、盐、鸡粉、生粉、郫县豆瓣、花椒油、水淀粉、食用油各适量

🔘 做法

❶ 香菜洗净切段；莲藕洗好切丁；小米椒洗净切圈。

❷ 鸡肉中加入生抽、料酒、盐、鸡粉、生粉腌制10分钟。

❸ 用食用油起锅，倒入鸡块炸半分钟至金黄色，捞出。

❹ 锅底留油，倒入蒜末、小米椒、鸡块、料酒、郫县豆瓣炒匀。

❺ 加入生抽、莲藕丁、花椒油、盐、鸡粉，注水煮开。

❻ 小火煮10分钟，加入水淀粉勾芡，撒入香菜段炒香。

🔺 制作指导 腌制鸡肉时，生粉可以多用一点，这样有助于保持鸡肉的鲜嫩的口感。

🔺 营养功效 鸡肉含蛋白质、磷脂、维生素、铁、铜、锌等营养成分，具有增强免疫力、温中益气、强壮身体、保护视力等功效。

芽菜碎米鸡

材料 鸡胸肉150克，芽菜150克，姜末、葱末、辣椒末各少许

调料 盐、葱姜酒汁、水淀粉、味精、白糖、食用油各适量

做法

❶ 鸡胸肉洗净切丁，装碗，加入盐、葱姜酒汁，再倒入少许水淀粉拌匀。

❷ 锅中倒入少许清水烧开，倒入切好的芽菜，焯熟后捞出，沥水备用。

❸ 用食用油起锅，倒入鸡丁炒3分钟至熟，放入生姜末、辣椒末、葱末。

❹ 倒入芽菜炒匀，加入味精、白糖调味，撒入葱末拌匀，盛出即成。

制作指导

鸡肉在烹饪前加葱姜酒汁、水淀粉腌制，不仅能去腥，还可使肉质变嫩。

营养功效

鸡肉含有维生素、钙、磷、锌、铁、镁等成分，可增强人体免疫功能。

鱼香鸡丝

材料 鸡胸肉300克，莴笋200克，竹笋60克，木耳30克，葱段、姜丝、蒜末各少许

调料 郫县豆瓣10克，盐7克，鸡粉4克，白糖3克，陈醋4毫升，料酒5毫升，水淀粉、食用油各适量

做法

①竹笋、莴笋、木耳、鸡胸肉均洗净切丝。

②鸡胸肉丝中加入盐、鸡粉、水淀粉、食用油腌制；水烧开，加盐，下竹笋、木耳焯熟。

③用食用油起锅，放入葱段、姜丝、蒜末、鸡肉丝、莴笋丝、竹笋丝、木耳丝炒匀。

④加入料酒、郫县豆瓣、陈醋、盐、鸡粉、白糖，倒入水淀粉勾芡即可。

制作指导

此道菜肴很讲究色香味俱全，所以在切鸡肉丝时要做到粗细均匀，大小一致。

脆笋鸡丝

材料 竹笋200克，鸡胸肉150克，红椒15克，姜片、蒜末、葱白各少许

调料 盐3克，鸡粉、水淀粉、料酒、食用油各适量

做法

①竹笋洗净切丝；红椒去籽切丝。

②鸡胸肉洗净切丝，装碗，加入盐、鸡粉、水淀粉、食用油，腌制10分钟。

③锅中注入水烧开，加入食用油、盐，下竹笋丝焯水；用食用油起锅，倒入鸡肉丝滑油至转色，捞出。

④锅底留油，爆香姜片、蒜末、葱白，倒入红椒丝、竹笋丝、鸡胸肉丝、料酒、盐、鸡粉，加入水淀粉勾芡即可。

制作指导

竹笋丝焯水捞出后，可迅速过一下凉水，以保证其爽脆口感。

板栗辣子鸡

🔵 **材料** 鸡肉300克，蒜苗20克，青椒、红椒各20克，板栗100克，姜片、蒜末、葱白各少许

🔵 **调料** 盐5克，味精、鸡粉各2克，辣椒油10毫升，生粉、生抽、料酒、辣椒酱、食用油各适量

🔵 **做法**

❶ 青椒、红椒均洗净切片；蒜苗洗净切段，蒜叶备用。

❷ 洗净的鸡肉斩块。

❸ 鸡块中加入盐、生抽、鸡粉、料酒、生粉腌制。

❹ 水烧开，放入板栗、盐煮10分钟，捞出。

❺ 用食用油起锅，爆香姜末、蒜末、葱白、蒜苗段。

❻ 加入鸡肉块、料酒、清水、板栗，煮开至鸡肉熟透。

❼ 加入辣椒酱、辣椒油、盐、味精焖煮一会儿。

❽ 加入青椒片、红椒片和蒜苗，加入水淀粉勾芡即可。

泡椒三黄鸡

材料 三黄鸡300克，灯笼泡椒20克，莴笋100克，姜片、蒜末、葱白各少许

调料 盐6克，鸡粉4克，味精1克，生抽5毫升，生粉、料酒、食用油各适量

做法

❶ 莴笋洗净切块；鸡肉斩块，加入鸡粉、盐、生抽、料酒、生粉腌制。

❷ 热锅中注入食用油，烧热，倒入鸡块滑油捞出。

❸ 锅底留油，放入姜片、蒜末、葱白、莴笋块、灯笼泡椒炒匀。

❹ 倒入鸡块，加入适量料酒、清水。

❺ 加盐、味精、生抽、鸡粉炒匀，小火焖至熟。

❻ 用水淀粉勾芡，大火收汁即可。

制作指导 炒制鸡块时加少许红油，味道更鲜香。

营养功效 三黄鸡肉质嫩滑，皮脆骨软，富含蛋白质、脂肪、B族维生素以及钙、钾、磷等矿物质，有温中益气的功效。

川香卤鸡尖

材料 鸡尖300克,干辣椒、草果各5克,香叶3克,桂皮、八角、干姜、花椒、姜片、葱结各适量

调料 盐15克,麻辣鲜露4毫升,郫县豆瓣5克,味精20克,生抽20毫升,老抽5毫升,食用油适量

做法

① 将鸡尖洗净,汆去血水,捞出。

② 用食用油起锅,爆香姜片、葱结,加入干辣椒、草果。

③ 放入香叶、桂皮、干姜、八角和花椒,炒匀。

④ 加入郫县豆瓣、水、麻辣鲜露、盐、味精、生抽拌匀。

⑤ 加老抽烧开,小火煮30分钟,制成麻辣卤水。

⑥ 把鸡尖放入卤水中,小火卤制约15分钟。

⑦ 把卤好的鸡尖捞出,装入盘中。

⑧ 往鸡尖上浇上少许卤水即可。

🌿 红烧鸡翅

🎯 **材料** 鸡翅200克，土豆150克，姜片、葱段、干辣椒各适量

🥄 **调料** 盐4克，白糖2克，料酒、蚝油、糖色、郫县豆瓣、辣椒油、花椒油、食用油各适量

📖 **做法**

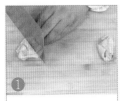
❶ 鸡翅打花刀；土豆切块；鸡翅加盐、料酒、糖色腌制。

❷ 用食用油起锅，倒入鸡翅略炸捞出。

❸ 再倒入土豆块，炸熟后捞出。

❹ 锅底留油，放入干辣椒、姜片、葱段、郫县豆瓣、水。

❺ 放入鸡翅、土豆炒匀焖熟，加入盐、白糖、蚝油炒匀。

❻ 用水淀粉勾芡，放入辣椒油、花椒油、葱段炒匀即可。

🔺 **制作指导** 鸡翅的水一定要沥干，否则在炸时会溅油。另外，炸鸡翅时要控制好火候，以免炸焦。

👤 **营养功效** 鸡翅含胶原蛋白、脂肪、碳水化合物、维生素和钙、磷、镁等矿物质，具有益气补血的功效。

泡凤爪

🍗 **材料** 鸡爪200克，泡椒汁100克，朝天椒10克，蒜头15克，香叶、桂皮、八角、花椒各适量

🥄 **调料** 盐20克，白醋25毫升，白酒20毫升，生抽适量

💠 **做法**

		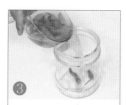	
① 朝天椒、蒜头分别洗净拍扁。	② 锅中倒入水，加入香叶、桂皮、八角、花椒、盐、生抽，放入鸡爪煮熟。	③ 将鸡爪捞出洗净；取玻璃罐，放入朝天椒、蒜头、泡椒汁、白醋、温水。	④ 加入白酒、盐、鸡爪，加盖置于阴凉处密封7天。

🔺 **制作指导**

香料最好选用棉布袋包好后再入锅，这样可以减少锅中的残渣。

🔺 **营养功效**

鸡爪富含钙、磷、铁、B族维生素等营养成分，具有开胃健脾的功效。

小炒鸡爪

🔖 **材料** 鸡爪200克,蒜苗90克,青椒70
克,红椒50克,姜片、葱段各少许

🔖 **调料** 料酒16毫升,郫县豆瓣15克,生
抽、老抽、辣椒油、水淀粉、鸡
粉、盐、食用油各适量

🔖 **做法**

①青椒洗净切段;红椒洗净切块;蒜苗
洗净切段;鸡爪洗净切块,汆水。

②用油起锅,放入姜片、葱段爆香,倒
入鸡爪翻炒,淋入料酒,加入郫县豆
瓣、生抽、老抽炒匀调味。

③加入少许清水,淋入辣椒油,小火焖3分
钟至食材入味,再放入鸡粉、盐翻炒匀。

④倒入青椒、红椒炒匀,加入蒜苗翻
炒,淋入水淀粉,快速翻炒匀即可。

☁ **制作指导**

蒜苗不宜烹制得过烂,以免辣
素被破坏,杀菌作用降低。

麻辣鸡爪

🔖 **材料** 鸡爪200克,大葱70克,土豆
120克,干辣椒、花椒、姜片、
蒜末、葱段各少许

🔖 **调料** 料酒16毫升,老抽、辣椒油、芝
麻油各2毫升,鸡粉、盐各2克,
郫县豆瓣15克,生抽4毫升,食
用油、水淀粉各适量

🔖 **做法**

①大葱洗净切段;土豆洗净切块;鸡爪斩
块,入沸水锅中,加入料酒煮沸,捞出。

②用食用油起锅,放入姜片、蒜末、葱段、
干辣椒、花椒、鸡爪块,淋上料酒炒匀。

③加土豆块、生抽、郫县豆瓣、水、老抽炒匀。

④加入鸡粉、盐、辣椒油、芝麻油,焖至入
味,加入大葱段炒匀,淋入水淀粉勾芡。

☁ **制作指导**

煸炒干辣椒时应用小火,否
则很容易炒煳。

芋儿鸡

🔸 **材料** 小芋头300克，鸡肉块400克，干辣椒、葱段、花椒、姜片、蒜末各适量

🔸 **调料** 盐2克，鸡粉2克，水淀粉10毫升，郫县豆瓣10克，料酒、生抽、食用油各适量

🔸 **做法**

❶ 锅中注入水烧开，放鸡肉块，氽去血水，捞出。

❷ 热锅中注入食用油，烧热，倒入洗净去皮的小芋头。

❸ 炸至微黄色，捞出沥干油，备用。

❹ 锅底留油，放入干辣椒、葱段、花椒、姜片、蒜末爆香。

❺ 倒入鸡肉块、郫县豆瓣、生抽、料酒，炒匀至上色。

❻ 倒入小芋头、水煮沸，放入盐、鸡粉炒匀调味。

❼ 盖盖，用小火焖15分钟至食材熟透。

❽ 揭盖，加入水淀粉，大火收汁即可。

椒麻鸡

材料 鸡腿150克，花椒、八角、桂皮、香叶、干辣椒、姜片、葱段、蒜末各适量

调料 盐2克，鸡粉2克，辣椒油、花椒油、生粉、料酒、生抽、水淀粉、食用油各适量

做法

❶ 洗净的鸡腿斩成小块，装入碗中。

❷ 鸡腿块中加入生抽、盐、鸡粉、料酒、生粉腌制。

❸ 用食用油起锅，倒入鸡腿块拌匀，捞出沥干油。

❹ 锅底留油，倒入姜片、葱段、蒜末、八角、桂皮、香叶、花椒。

❺ 加入干辣椒炒匀，倒入鸡腿块、料酒、生抽、水、盐、鸡粉。

❻ 淋入辣椒油、花椒油拌匀，加入水淀粉勾芡即可。

制作指导 切辣椒时先将刀在水中蘸一下再切，这样可避免刺激眼睛。

营养功效 鸡腿肉含有多种维生素、钙、磷、锌、铁、镁等成分，是人体生长发育所必需的，对儿童的成长有重要意义。

脆笋干锅鸡

材料 鸡肉400克, 竹笋、芦笋各50克, 红椒、干辣椒各15克, 八角、桂皮、姜片、蒜末、葱白各适量

调料 郫县豆瓣10克, 料酒、生抽、老抽、盐、鸡粉、生粉、食用油各适量

做法

❶ 红椒洗净切圈；竹笋、芦笋均洗净切丁；鸡肉洗净斩成小块。

❷ 鸡肉中加入料酒、盐、生抽、鸡粉、生粉腌制，入油锅滑油捞出。

❸ 锅底留油,炒香八角、桂皮、葱白、姜片、蒜末、红椒、干辣椒,加入竹笋、芦笋、鸡肉。

❹ 放入老抽、郫县豆瓣、盐、鸡粉、料酒、水煮片刻，倒入水淀粉勾芡。

制作指导

烹饪此菜时，鸡肉一定要先腌制，更易入味。

营养功效

芦笋含有氨基酸、蛋白质、维生素等成分，与鸡肉一起食用具有防癌抗癌的功效。

干锅土鸡

材料 光鸡750克，干辣椒10克，花椒、姜片、葱段各少许

调料 盐3克，味精、蚝油、郫县豆瓣、辣椒酱、料酒、食用油各适量

做法

①将洗好的光鸡斩块。

②锅中注入食用油烧热，倒入光鸡块，翻炒出油，倒入姜片、葱段，加入花椒、干辣椒炒匀。

③加入郫县豆瓣、辣椒酱炒匀，倒入料酒和少许清水拌匀，中火焖煮至入味，加入盐、味精。

④淋入蚝油炒匀，盛入干锅，撒上葱段即成。

🔺制作指导
烹制此菜时，先将光鸡肉炒出油后再放入姜片、花椒等调料，否则菜肴不够香。

板栗烧鸡

材料 鸡肉200克，板栗80克，鲜香菇20克，蒜末、姜片、葱段、蒜苗段各少许

调料 老抽、盐、味精、白糖、生抽、水淀粉、料酒、生粉各适量

做法

①鸡肉洗净斩块，加入料酒、生抽、盐、生粉腌制；板栗洗净切开；鲜香菇洗净切丝。

②将板栗滑油捞出；鸡肉块滑熟捞出。

③锅底留油，放入葱段、姜片、蒜末、鲜香菇丝、鸡肉块、料酒、老抽炒匀。

④加入板栗、水煮熟，调入盐、味精、白糖，加入生抽、水淀粉、蒜苗段炒匀，盛入干锅即成。

🔺制作指导
板栗不易煮熟，要多煮一段时间，避免板栗不熟影响口感。

白果炖鸡

🌱 **材料** 光鸡1只，猪骨头450克，猪瘦肉100克，白果120克，葱、香菜各15克，姜20克，枸杞10克

🥄 **调料** 盐4克，胡椒粉少许

▶️ **做法**

❶ 猪瘦肉洗净，切块；姜拍扁。

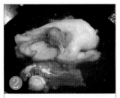

❷ 锅中注入清水，放入猪骨头、光鸡肉和猪瘦肉块。

❸ 加盖，用大火煮开，捞起装盘。

❹ 砂煲置于旺火上，加入适量水，放入姜、葱。

❺ 放入猪骨头、光鸡肉、猪瘦肉块和白果。

❻ 烧开后转小火煲2小时。

❼ 调入盐、胡椒粉，加入枸杞点缀。

❽ 除去葱、姜，撒入香菜即可。

米椒酸汤鸡

材料 鸡肉300克，酸笋150克，米椒40克，红椒15克，蒜末、姜片、葱白各少许

调料 盐5克，鸡粉3克，辣椒油、白醋、生抽、料酒、食用油各适量

做法

❶ 米椒切碎；红椒切圈；洗净的鸡肉斩块；酸笋切片。

❷ 锅中加入清水，大火烧开，倒入酸笋片，煮沸后捞出。

❸ 用食用油起锅，放入姜片、葱白、蒜末、鸡肉块、料酒。

❹ 加入酸笋、米椒、红椒圈一起炒。

❺ 加入适量清水、辣椒油、白醋、盐、鸡粉、生抽。

❻ 中火焖煮至入味，盛出，装入盘中即可。

制作指导 烹饪后将鸡肉去皮，这样不仅可减少脂肪摄入，还可让鸡肉的味道更鲜美。

营养功效 鸡肉含多种营养成分，蛋白质的含量很高，进入人体后消化率高，易被人体吸收利用，有增强体力、强壮身体的作用。

麻辣怪味鸡

🥬 **材料** 鸡肉300克，红椒20克，蒜末、葱花各少许

🧂 **调料** 盐2克，鸡粉2克，生抽、辣椒油、料酒、生粉、花椒粉、辣椒粉、食用油各适量

🍳 **做法**

❶ 洗净的红椒切开，再切成小块；洗好的鸡肉斩成小块。

❷ 鸡肉中加入生抽、盐、鸡粉、料酒拌匀。

❸ 撒上生粉，拌匀，腌制10分钟，至其入味。

❹ 用食用油起锅，倒入腌好的鸡肉块，炸熟。

❺ 捞出炸好的鸡肉块，沥干油，待用。

❻ 锅底留油烧热，放入蒜末、红椒块、鸡肉块翻炒。

❼ 加入花椒粉、辣椒粉、葱花炒匀。

❽ 加入盐、鸡粉、辣椒油炒匀即可。

麻辣干炒鸡

材料 鸡腿300克，干辣椒10克，花椒7克，葱段、姜片、蒜末各少许

调料 盐、鸡粉、生粉、料酒、生抽、辣椒油、花椒油、五香粉、食用油各适量

做法

① 将洗净的鸡腿切开，斩成小块。

② 鸡腿块中加入盐、鸡粉、生抽、生粉、食用油腌制。

③ 用食用油起锅，倒入鸡腿块拌匀，捞出沥干油，待用。

④ 锅底留油，爆香葱段、姜片、蒜末、干辣椒、花椒。

⑤ 倒入鸡腿块、料酒、生抽、盐、鸡粉炒匀调味。

⑥ 倒入辣椒油、花椒油炒匀，加入五香粉炒片刻即可。

制作指导 炸鸡腿块油温不宜过高，否则容易将鸡腿的表面炸焦而里面却没有熟透。

营养功效 鸡腿肉的蛋白质含量较高，而且消化率高，具有增强免疫力、温中益气、强壮身体、健脾胃等作用。

春笋炒鸡肫

🌶 材料 鸡肫350克，春笋300克，红椒15克，姜片、蒜末、葱白各少许

🍶 调料 料酒、盐、生粉、味精、鸡粉、生抽、水淀粉、食用油各适量

🍳 做法

❶ 春笋洗净切片；红椒洗净，去籽切片；鸡肫治净切片，装碗。	❷ 将鸡肫加入料酒、盐、味精、生粉腌制；春笋片焯水备用。	❸ 用食用油起锅，炒香姜片、蒜末、葱白、红椒片，倒入鸡肫片，炒熟。	❹ 淋入料酒，倒入春笋片，加入盐、鸡粉、生抽、水淀粉，炒匀即可。

🔺 制作指导

春笋质地细嫩，不宜炒制过久，否则影响口感。

🔺 营养功效

竹笋富含蛋白质、钙、磷、铁、胡萝卜素和维生素，有通血脉、消炎等功效。

🌱 泡椒鸡胗

🥬 材料 鸡胗200克，泡椒50克，红椒圈、姜片、蒜末、葱白各少许

🧂 调料 盐3克，味精、蚝油各3克，老抽、食用油、水淀粉、料酒、生粉各适量

🍲 做法

①鸡胗洗净切片；泡椒切段；鸡胗中加入少许盐、味精、料酒、生粉拌匀，腌制约10分钟。

②锅中加入水烧开，倒入鸡胗片氽熟捞出。

③用食用油起锅，倒入鸡胗片滑油捞出。

④锅底留油，爆香姜片、蒜末、葱白、红椒圈，倒入泡椒段、鸡胗片炒至熟透。

⑤加入盐、味精、蚝油、老抽炒匀，加入水淀粉勾芡，淋入烧热的食用油即可。

💧 **制作指导**

因为鸡胗氽过水，所以不要炒太长时间，入味即可。

🌱 山椒鸡胗拌青豆

🥬 材料 鸡胗100克，青豆200克，泡椒30克，红椒15克，姜片、葱白各少许

🧂 调料 盐3克，鸡粉1克，鲜露、食用油、芝麻油、辣椒油、料酒各适量

🍲 做法

①锅中加入水烧开，加入食用油、盐，倒入洗净的青豆煮至熟，捞出。

②原汤汁加鲜露，倒入鸡胗、料酒、姜片、葱白，煮约15分钟，将鸡胗捞出。

③红椒洗切切丁；泡椒切丁；鸡胗切块。

④将青豆、鸡胗块、泡椒丁、红椒丁倒入碗中，加入盐、鸡粉调味。

⑤淋入辣椒油、芝麻油，拌匀即可。

💧 **制作指导**

青豆不宜煮太久，以免影响其鲜嫩口感。

辣炒鸭丁

材料 鸭肉350克，朝天椒25克，干辣椒10克，姜片、葱段各少许

调料 盐、料酒、味精、蚝油、水淀粉、辣椒酱、辣椒油、食用油各适量

做法

❶ 鸭肉洗净斩成丁；朝天椒洗净切圈。

❷ 用食用油起锅，倒入鸭肉丁、料酒、盐、味精、蚝油，炒熟。

❸ 倒入清水，加入辣椒酱炒匀，倒入姜片、葱段、朝天椒圈、干辣椒炒香。

❹ 用水淀粉勾芡，淋入辣椒油翻炒匀，装入盘中即可。

制作指导

腌制鸭肉时，加入少许白酒，更易去除鸭腥味。

营养功效

鸭肉富含蛋白质、脂肪、碳水化合物、磷、钾等成分，有利水消食之效。

辣椒豆豉煸鸭块

材料 鸭肉400克，青椒20克，红椒15克，豆豉20克，姜片、蒜末、葱白各少许

调料 盐、鸡粉各2克，生抽5毫升，郫县豆瓣10克，老抽2毫升，水淀粉4毫升，料酒、食用油各适量

做法

①鸭肉洗净斩块；青椒、红椒洗净切块；切好的材料装入盘中备用。

②沸水锅中放入鸭肉块，汆水捞出。

③用食用油起锅，炒香豆豉、姜片、蒜末、葱白，倒入鸭肉块、生抽、郫县豆瓣、料酒、盐、鸡粉、清水炒匀，焖15分钟。

④放入青椒块、红椒块，收汁，调入老抽，加入水淀粉勾芡即可。

制作指导

如果可以吃辣，炒制时淋入少许辣椒油，可以使菜品更加鲜美。

泡椒炒鸭肉

材料 鸭肉200克，灯笼泡椒60克，泡小米椒40克，姜片、蒜末、葱段各少许

调料 郫县豆瓣10克，盐3克，鸡粉2克，生抽少许，料酒5毫升，水淀粉、食用油各适量

做法

①灯笼泡椒切块；泡小米椒切段；鸭肉洗净切块，加入生抽、盐、鸡粉、料酒、水淀粉腌制10分钟，入沸水锅中煮1分钟捞出。

②用食用油起锅，放入鸭肉块炒匀，加入蒜末、姜片、料酒、生抽炒匀。

③加入泡小米椒段、灯笼泡椒块、郫县豆瓣、鸡粉炒匀，注入水用中火煮3分钟。

制作指导

将切好的灯笼泡椒和泡小米椒浸入清水中泡一会儿，辛辣的味道会减轻一些。

香辣鸭块

📋 **材料** 烤鸭600克，红椒15克，蒜末、葱花各少许

🧂 **调料** 盐3克，生抽、鸡粉、辣椒油、食用油各适量

🍳 **做法**

❶ 把洗净的红椒切成圈；把烤鸭斩块。

❷ 用食用油起锅，烧热后倒入蒜末爆香。

❸ 加入生抽、盐、鸡粉调味。

❹ 倒入红椒圈炒匀。

❺ 淋入辣椒油，撒上葱花。

❻ 翻炒均匀，调制成味汁。

❼ 将切好的鸭肉块放入盘中，码放好。

❽ 盛出味汁浇在鸭肉块上，摆好盘即成。

魔芋烧鸭

🔖 **材料** 鸭肉、魔芋各400克，姜30克，葱段15克，干辣椒段、蒜、桂皮、花椒、八角各适量

🔖 **调料** 盐4克，味精2克，白糖、水淀粉、酱油、生抽、柱候酱、料酒、食用油各适量

🔖 **做法**

❶ 鸭肉斩成块；魔芋切成块。

❷ 热锅中注入水，加入盐，将魔芋焯熟捞出；将鸭肉氽熟捞出。

❸ 锅注油，放入蒜、姜、葱段、干辣椒、八角、桂皮、花椒炒香。

❹ 放入鸭肉，加料酒、酱油、生抽、盐、味精、白糖、柱候酱炒匀。

❺ 倒入魔芋块，加水焖煮至入味，收汁，加入水淀粉勾芡。

❻ 撒上葱叶，拣出桂皮、八角，盛出装入盘中即成。

🔺 **制作指导** 洗魔芋前可将双手抹上白醋，待醋干了后再洗魔芋，这样可避免手受到刺激而发痒。

🔺 **营养功效** 魔芋含有最优良的可溶性膳食纤维，这种可溶性膳食纤维可在食物四周形成一种保护层，抑制肠道对胆固醇和胆汁酸的吸收。

野山椒炒鸭肉丝

🔖 **材料** 泡小米椒60克，鸭肉200克，红椒15克，姜片、蒜片、葱段各少许

🍶 **调料** 盐4克，鸡粉3克，辣椒酱10克，生抽4毫升，料酒、水淀粉、食用油各适量

📖 **做法**

❶ 红椒洗净切丝；鸭肉洗净切细丝，装入碗中。	❷ 鸭肉丝中加入盐、鸡粉、生抽、料酒、水淀粉、食用油腌制。	❸ 用食用油起锅，放入姜片、蒜片、葱段，大火爆香。	❹ 倒入鸭肉丝，翻炒均匀。

❺ 淋入料酒，翻炒至食材入味。	❻ 倒入洗净的泡小米椒、红椒丝，加入盐、鸡粉炒匀。	❼ 放入辣椒酱，炒匀至食材入味。	❽ 用少许水淀粉勾芡，炒熟至入味，盛出即可。

爆炒鸭丝

材料 鸭胸肉250克,鲜香菇40克,蒜蓉、姜丝、葱段、青椒、红椒、姜片、干辣椒段、桂皮各少许

调料 郫县豆瓣25克,味精、生抽、料酒、水淀粉、食用油各适量

做法

① 青椒、红椒、鲜香菇均洗净切丝;郫县豆瓣切碎。

② 锅中倒入水,加入姜片、干辣椒段、桂皮,将鸭胸肉煮熟捞出。

③ 鸭胸肉切丝,加入生抽、水淀粉腌制;鲜香菇焯熟捞出。

④ 用食用油起锅,放入姜丝、蒜蓉、葱段、青红椒、香菇炒香。

⑤ 倒入腌好的鸭肉丝,放入郫县豆瓣。

⑥ 调入料酒、味精、生抽,炒至材料熟透即可。

制作指导 煮鸭胸肉时,可以加入少许大蒜、陈皮一起煮,能有效去除鸭胸肉的腥味。

营养功效 鸭胸肉的营养价值很高,富含蛋白质、脂肪、碳水化合物、维生素A、磷、钾等,具有养胃生津的功效。

啤酒鸭

🌱 **材料** 鸭肉800克，啤酒550毫升，葱少许，生姜、草果、干辣椒、桂皮、花椒、八角各适量

🥄 **调料** 盐4克，味精、老抽、郫县豆瓣、辣椒酱、蚝油、食用油各适量

🍲 **做法**

❶ 草果洗净拍破；生姜去皮洗净，拍破切片。

❷ 锅中注入清水，放入鸭块汆煮3分钟，捞出洗净。

❸ 用食用油起锅，炒香洗净的葱、生姜、桂皮、草果、花椒、八角。

❹ 加入郫县豆瓣、辣椒酱炒匀，倒入洗好的干辣椒。

❺ 放入汆好的鸭肉块，翻炒均匀。

❻ 倒入啤酒，加适量盐、味精拌匀。

❼ 调入老抽、蚝油，小火焖煮20分钟至肉熟烂。

❽ 用锅勺拌匀，出锅盛入碗中即成。

太白鸭

🔸 **材料** 净鸭肉650克，枸杞10克，瘦肉块60克，姜片、葱段各20克，三七10克，鲜汤1500毫升

🔸 **调料** 盐4克，料酒3毫升，胡椒粉少许

🔸 **做法**

① 锅中注入水烧热，放入鸭肉煮至熟，捞出。

② 鸭肉用盐、料酒和胡椒粉抹匀，腌制至入味。

③ 鲜汤装入碗中，放入鸭肉和洗好的瘦肉块。

④ 放上备好的姜片、葱条、三七及洗净的枸杞。

⑤ 用保鲜膜包裹住大碗，密封严实，放入蒸锅蒸3小时至熟。

⑥ 取出撕下保鲜膜，拣去葱段即成。

🔺 **制作指导** 蒸鸭子时，可加入陈皮一起蒸，不仅能有效去除鸭肉的腥味，且还能为汤品增香。

🔺 **营养功效** 鸭肉营养价值很高，富含蛋白质、脂肪、碳水化合物、维生素A及磷、钾等矿物质，具有补肾、消水肿、止咳化痰的功效。

干锅鸭头

🥦 **材料** 鸭头300克，青椒20克，红椒15克，干辣椒段15克，姜片、蒜末、葱白各少许

🧂 **调料** 盐3克，鸡粉2克，辣椒酱15克，料酒5毫升，生抽、水淀粉4毫升，老抽3毫升，食用油适量

▶ **做法**

❶ 红椒、青椒均洗净切块；鸭头洗净，对切成半。

❷ 将切好的食材装入盘中备用。

❸ 水烧开，放入鸭头焯水，捞出备用。

❹ 用食用油起锅，炒香姜片、葱白、蒜末、干辣椒段。

❺ 放入鸭头、适量料酒、辣椒酱、生抽、老抽。

❻ 再放入切好的青椒块、红椒块。

❼ 加入清水、盐、鸡粉焖4分钟。

❽ 倒入适量水淀粉，快速翻炒匀即可。

椒麻鸭下巴

材料 鸭下巴100克，辣椒粉15克，白芝麻17克，花椒粉7克，蒜末、葱花各少许

调料 盐4克，鸡粉2克，料酒8毫升，生抽8毫升，生粉20克，辣椒油4毫升，食用油适量

做法

① 锅中注入水烧开，加入盐、鸡粉、料酒、鸭下巴。

② 用小火煮10分钟至其入味，捞出。

③ 鸭下巴装入碗中，倒入生抽、生粉，搅拌均匀。

④ 用食用油起锅，倒入鸭下巴，炸至焦黄色捞出。

⑤ 锅底留油，放蒜末炒香，加辣椒粉、花椒粉、鸭下巴炒匀。

⑥ 放入葱花、白芝麻、辣椒油、盐，炒匀调味即可。

制作指导 鸭下巴的腥味较重，需要多加些调料才能将其腥味去除。

营养功效 鸭下巴含有B族维生素、维生素E，其性微凉，能补阴益血，清虚热。体内有热、上火的人常食能起到清热降火的作用。

干锅鸭杂

🥦 **材料** 净鸭杂300克，青椒、蒜苗段各50克，红椒20克，姜片15克，蒜末10克，干辣椒段25克

🥄 **调料** 料酒、盐、味精、生粉、辣椒酱、鸡粉、水淀粉、食用油各适量

⚫ **做法**

① 青椒、红椒均洗净，切成片。

② 鸭杂中的鸭肝、鸭心切片，鸭胗切十字花刀。

③ 鸭杂加料酒、盐、味精、生粉拌匀。

④ 锅中注入食用油烧热，炒香蒜末、姜片、干红椒段。

⑤ 加入青椒片、红椒片、鸭杂、料酒，炒匀。

⑥ 放入辣椒酱，翻炒均匀，再注入少许清水。

⑦ 加入盐、鸡粉、味精，翻炒入味。

⑧ 用水淀粉勾芡，放入蒜苗段炒熟，盛入干锅即可。

香辣鸭胗

🌱 **材料** 鲜鸭胗200克，黄瓜100克，花生米60克，红椒15克，姜片、姜末各10克，葱5克，香菜6克

🥄 **调料** 盐13克，鸡粉2克，生抽、辣椒油、陈醋各7毫升，芝麻油、料酒、卤水、食用油各适量

🍳 **做法**

❶ 卤水锅中加入鲜鸭胗、姜片、盐、鸡粉、生抽、料酒卤好捞出。

❷ 热锅中注入食用油，倒入花生米炸熟捞出。

❸ 黄瓜切片；红椒切块；香菜切段；葱切粒；鸭胗切片装碗。

❹ 加入切好的黄瓜片、红椒块、香菜段、葱粒、姜末。

❺ 加入适量盐、鸡粉、生抽、辣椒油、陈醋。

❻ 淋入芝麻油，放入花生米，拌匀至食材入味即可。

🔺 **制作指导** 炸花生米时要注意火候，炸至花生米表面金黄色最佳。

ℹ️ **营养功效** 鸭胗富含维生素A、维生素C和碳水化合物，以及镁、磷、锌、铜等营养元素。常食鸭胗对肠胃功能差、消化不良者有益处。

小炒仔鹅

材料 鹅胸肉350克，香芹段50克，蒜苗段、朝天椒圈各少许

调料 盐5克，味精2克，生抽、料酒各10毫升，食用油35毫升

做法

① 鹅胸肉洗净切丁，装碗中加入料酒、盐、味精、生抽腌制约10分钟。

② 热锅中注入食用油烧热，放入鹅胸肉丁爆香，淋入料酒，炒匀。

③ 倒入朝天椒圈、蒜苗段，炒香，加入盐、味精调味。

④ 倒入香芹段，淋上生抽，炒熟，用水淀粉勾芡，盛入盘中即成。

制作指导

鹅胸肉先用花生油炸好，再炒制成菜肴，味道会更香嫩。

营养功效

芹菜含有丰富的铁、锌等微量元素，与鹅肉一起食用具有增强免疫力的功效。

小炒鹅肠

材料 鹅肠350克，青椒片、红椒片各10克，生姜片、蒜末各15克，葱白少许

调料 盐、味精、辣椒酱、胡椒粉、料酒、蚝油、食用油各适量

做法

①鹅肠用盐水洗净，切段。

②锅中倒入适量清水烧开，倒入鹅肠，汆煮至断生捞出。

③热锅中注入食用油，放入生姜片、蒜末爆香，倒入鹅肠段略炒，加入料酒翻炒熟。

④加入适量盐、味精、辣椒酱调味，倒入青椒片、红椒片拌炒匀，加入蚝油提鲜，撒入胡椒粉拌匀，出锅即成。

制作指导

鹅肠用盐水洗净后，需沥干水分再炒，炒熟后立即出锅，这样鹅肠味道鲜美，爽脆可口。

泡菜炒鹅肠

材料 鹅肠200克，泡菜80克，干辣椒10克，姜片、蒜苗段各少许

调料 盐、味精、蚝油、料酒、水淀粉、辣椒油、食用油各适量

做法

①鹅肠洗净，切段，装盘。

②用食用油起锅，放入姜片爆香，倒入鹅肠段、干辣椒炒香。

③倒入泡菜，炒约2分钟至鹅肠段熟透。

④加入盐、味精、蚝油、料酒，炒匀。

⑤放入蒜苗梗炒匀，倒入少许水淀粉勾芡，撒入蒜苗叶拌炒匀。

⑥淋入少许辣椒油，快速拌炒匀，盛入盘中即可。

制作指导

清洗鹅肠的时候，可放入适量的盐，有助于将鹅肠清洗干净。

泡椒鹅肠

🔹 **材料** 鹅肠400克，灯笼泡椒、泡小米椒各20克，葱段、姜片各少许

🔹 **调料** 盐3克，水淀粉10毫升，味精、蚝油、芝麻油、食用油各适量

🔹 **做法**

❶ 鹅肠洗净切段；泡小米椒切段；灯笼泡椒切半。

❷ 锅中倒入水烧开，放入鹅肠段汆熟，捞出。

❸ 热锅中注入食用油，放入葱白、姜片爆香。

❹ 倒入鹅肠段，翻炒匀，淋入少许料酒，炒香。

❺ 加入少许盐、味精、蚝油，炒匀。

❻ 倒入灯笼泡椒和泡小米椒段，拌炒匀。

❼ 再撒入少许葱叶。

❽ 将锅中食材炒匀入味，盛出即可。

香芹鹅肠

材料 香芹100克，鹅肠200克，干辣椒、姜片、蒜末、红椒丝各少许

调料 盐、味精、鸡粉、蚝油、辣椒酱、水淀粉、食用油各适量

做法

① 将洗净的香芹切段；鹅肠切段。

② 锅中注入食用油烧热，爆香干辣椒、姜片、蒜末、红椒丝。

③ 倒入鹅肠段炒匀，加入香芹段拌炒约2分钟至熟。

④ 加入盐、味精、鸡粉、蚝油炒匀，加入辣椒酱翻炒香。

⑤ 倒入水淀粉勾芡。

⑥ 淋入熟油拌匀，盛出即成。

制作指导 芹菜易熟，所以炒制时间不要太长，否则成菜口感不脆嫩。

营养功效 鹅肠营养价值丰富，含有丰富的蛋白质、脂肪、多种维生素、钙、磷、钾等微量元素，具有益气补虚、温中散血的功效。

香辣炒乳鸽

🔄 **材料** 鸽肉120克，干辣椒10克，青椒、红椒各15克，郫县豆瓣、生姜片、蒜末各少许

🥄 **调料** 盐、味精、料酒、生抽、生粉、辣椒酱、辣椒油、水淀粉各适量

🍳 **做法**

❶ 将洗净的鸽肉斩块；洗净的青椒、红椒均切片。

❷ 鸽肉块中加入盐、味精、料酒、生抽、生粉腌制，入油锅炸熟捞出。

❸ 锅底留油，放入生姜片、蒜末、青椒、红椒、郫县豆瓣、干辣椒、鸽肉块。

❹ 调入料酒、辣椒酱、辣椒油、味精、盐，炒匀，加入水淀粉勾芡即可。

🔺 **制作指导**

倒入生姜片、蒜末等时用大火爆香，炒香后再倒入鸽肉，不断翻炒更易入味。

🔶 **营养功效**

鸽肉富含蛋白质、铁、维生素A、B族维生素等成分，有补血养颜之效。

小炒乳鸽

🥬 **材料**　乳鸽1只，青椒片、红椒片各20克，生姜片、蒜蓉各15克

🧂 **调料**　盐、味精、蚝油、料酒、食用油、辣椒酱、辣椒油各适量

🔶 **做法**

①乳鸽洗净，斩成块状，备用。

②用食用油起锅，放入乳鸽块翻炒片刻，调入料酒炒匀，加入辣椒酱炒2~3分钟。

③倒入生姜片、蒜蓉，翻炒约5分钟至乳鸽块熟透。

④加入适量盐、味精、蚝油调味。

⑤放入青椒片、红椒片炒熟。

⑥淋入少许辣椒油拌匀即成。

🔺 **制作指导**

炒制乳鸽时，加入姜片和蒜蓉同炒不仅可以去腥，还可预防感冒。

干锅乳鸽

🥬 **材料**　乳鸽120克，青椒、红椒各25克，蒜苗15克，郫县豆瓣20克，蒜末10克，姜片10克，葱段7克，干辣椒15克

🧂 **调料**　盐、鸡粉、料酒、水淀粉、味精、食用油、生抽、生粉各适量

🔶 **做法**

①乳鸽洗净斩块；蒜苗洗净切段；青椒、红椒均洗净切片；鸽肉中加入盐、味精、料酒、生抽、生粉腌制，入油锅炸熟捞出。

②用食用油起锅，倒入蒜末、姜片、青椒片、红椒片、干辣椒、乳鸽块、料酒。

③加入郫县豆瓣、盐、鸡粉、水炒匀。

④放入蒜苗、水淀粉、葱段炒熟即可。

🔺 **制作指导**

鸽肉营养丰富，肉质细嫩，炸乳鸽时油温应控制在六成热，这样炸出来的鸽肉才更鲜嫩。

辣椒炒鸡蛋

🌱 **材料** 青椒50克，鸡蛋2个，红椒圈、蒜末、葱白各少许

🥄 **调料** 食用油30毫升，盐3克，鸡粉3克，水淀粉10毫升，味精少许

🍳 **做法**

1

洗净的青椒切块；鸡蛋打入碗中，加入少许盐、鸡粉打散调匀。

2

热锅中注入食用油烧热，倒入蛋液拌匀，翻炒至熟，盛入盘中备用。

3

用食用油起锅，倒入蒜末、葱白、红椒圈炒匀。

4

倒入青椒块，加入适量盐、味精炒匀，倒入鸡蛋，加入水淀粉炒匀即可。

🔺 **制作指导**

在打散的鸡蛋里放入少量清水，待搅拌后放入锅里，炒出的鸡蛋较嫩。

🔺 **营养功效**

辣椒含有辣椒素及维生素A、维生素C等多种营养物质，能增强人的体力。

豆豉荷包蛋

材料 鸡蛋3个，蒜苗80克，小红椒1个，豆豉20克，蒜末少许

调料 盐3克，鸡粉3克，生抽、食用油各适量

做法

①小红椒洗净切圈；蒜苗洗净切段。

②用油起锅，打入鸡蛋，翻炒几次，煎至成形，把煎好的荷包蛋放入碗中。按同样方法再煎2个荷包蛋。

③锅底留油，放入蒜末、豆豉，炒香。加入切好的小红椒、蒜苗，炒匀。

④放入荷包蛋，炒匀，放入少许盐、鸡粉、生抽，炒匀调味，然后盛出炒好的荷包蛋，装入盘中即可。

制作指导

蒜苗不宜炒得过烂，以免辣素被破坏，杀菌作用降低。

香辣金钱蛋

材料 熟鸡蛋3个，圆椒55克，泡小米椒25克，蒜末、葱花各少许

调料 生抽5毫升，盐2克，鸡粉2克，料酒10毫升，水淀粉5毫升，食用油适量

做法

①将泡小米椒切碎；圆椒洗净切粒；熟鸡蛋去皮，切片。

②用油起锅，放入蒜末、圆椒、泡小米椒，翻炒匀，倒入鸡蛋，加入少许生抽，炒匀上色。

③淋入料酒，放入盐、鸡粉，炒匀调味。

④倒入水淀粉，翻炒片刻，淋入芝麻油炒匀至食材入味，把炒好的菜肴盛出即可。

制作指导

炒鸡蛋时，翻炒的力道不要太大，以免炒碎。

鹌鹑蛋烧豆腐

材料 熟鹌鹑蛋150克，豆腐200克，葱花少许

调料 盐5克，鸡粉2克，生抽5毫升，老抽2毫升，郫县豆瓣10克，水淀粉10毫升，食用油适量

做法

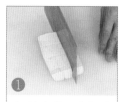

❶ 把洗净的豆腐切成小方块。

❷ 锅中注水烧开，加入盐、食用油、豆腐块，氽水后捞出。

❸ 用油起锅，放入去壳的鹌鹑蛋。

❹ 淋入少许老抽，注入适量清水，放入郫县豆瓣、鸡粉、盐。

❺ 再淋入少许生抽，倒入焯煮好的豆腐块，煮约1分钟。

❻ 用大火收汁，倒入少许水淀粉勾芡。

❼ 撒入少许葱花，快速拌炒匀。

❽ 将锅中食材盛出装盘即成。

Part 5

水产类

　　水产含有丰富的优质蛋白质，而且胆固醇的含量普遍较低，易于消化，与畜肉类相比具有更高的调养、滋补的价值。川菜中水产的做法多种多样，无论是干烧还是焖煮，或者水煮，通常离不开青椒、红椒、郫县豆瓣、花椒等调味料。本章推介了川菜中最正宗的水产类川味美食，它们味香色浓，口感或辣爽，或咸鲜，总之彰显了川菜原汁原味的特色，十分诱人，值得每一位去学习它的制作方法。

水煮鱼片

🔹 **材料** 草鱼550克，花椒、干辣椒、姜片、蒜片、葱白、黄豆芽、葱花各适量

🔹 **调料** 盐、鸡粉、水淀粉、辣椒油、郫县豆瓣、料酒、花椒油、胡椒粉、花椒粉、食用油各适量

🔹 **做法**

❶ 草鱼切块，取鱼骨，将鱼肉切片。

❷ 鱼骨中加入盐、鸡粉、胡椒粉腌制。

❸ 鱼肉片中加入盐、鸡粉、水淀粉、胡椒粉、食用油腌制。

❹ 用食用油起锅，爆香姜片、蒜片、葱白、干辣椒、花椒。

❺ 加入鱼骨、料酒、水、辣椒油、花椒油、郫县豆瓣煮片刻。

❻ 加入盐、鸡粉调味，放入黄豆芽煮熟，捞出铺在碗底。

❼ 放入鱼肉片煮1分钟，盛入碗中。

❽ 撒上葱花、花椒粉，浇上热油即成。

酸菜鱼

📥 **材料**　草鱼600克，酸菜200克，姜片、朝天椒末各20克，葱花10克，白芝麻少许

🥄 **调料**　盐3克，味精2克，葱姜酒汁、水淀粉、白糖、食用油各适量

🍲 **做法**

❶ 洗净的酸菜切段；处理净的草鱼肉切片，鱼骨斩块。

❷ 鱼肉片中加入盐、味精、水淀粉腌制。

❸ 用食用油起锅，倒入鱼骨略煎，加入姜片、朝天椒翻炒。

❹ 加入葱姜酒汁、水、酸菜段炖5分钟，汤汁呈奶白色。

❺ 加入盐、味精、白糖拌匀，捞出鱼骨块和酸菜，装入碗中。

❻ 将鱼肉片倒入锅中，煮约1分钟，盛入碗中即可。

🔺 **制作指导**　烹饪此菜要选用新鲜的草鱼。另外，烹饪时加少许辣椒油，味道会更好。

🔺 **营养功效**　草鱼含有丰富的不饱和脂肪酸，对血液循环有利。草鱼还含硒元素，有抗衰老、养颜的功效。

豆花鱼片

材料 草鱼500克，豆花200克，葱段、姜片各少许

调料 鸡粉、味精、盐、蛋清、水淀粉、食用油各适量

做法

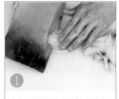

❶ 处理好的草鱼剔除鱼骨，取鱼肉切成薄片。

❷ 鱼肉片中加入味精、盐、蛋清、水淀粉、食用油腌制。

❸ 用食用油起锅，倒入姜片爆香。

❹ 注入适量清水煮沸，加入鸡粉、盐。

❺ 倒入鱼肉片煮至熟。

❻ 用水淀粉勾芡，淋入食用油。

❼ 撒上葱段拌匀。

❽ 豆花装盘，放上鱼肉片，浇入原锅汤汁即成。

外婆片片鱼

材料 草鱼肉180克，黄豆芽150克，蒜片、葱段、姜片各25克，干辣椒段15克，蛋清少许

调料 盐3克，鸡粉、味精、胡椒粉、水淀粉、食用油各适量

做法

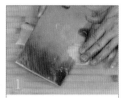

1 将洗净的草鱼肉切片，装入碗中；黄豆芽洗净。

2 鱼肉片用盐、味精、鸡粉、胡椒粉、水淀粉、蛋清、食用油抓匀。

3 锅注水加盐、鸡粉和食用油烧沸，将黄豆芽焯熟，捞出装碗。

4 锅中注入食用油，加入姜片、蒜片、葱段、干辣椒段炒匀。

5 加入水，烧开后调入盐和鸡粉拌匀，放入草鱼肉片煮熟。

6 加入水淀粉勾芡，拌匀，盛入碗中即成。

制作指导 鱼肉片下锅前要先将汤汁调好味，入锅后煮制的时间也不能太久，否则鱼肉容易碎。

营养功效 草鱼富含蛋白质、脂肪、维生素、核酸和锌，有增强体质、延缓衰老的作用。对于身体瘦弱者来说，应多食用。

豆瓣鲫鱼

🌱 材料 鲫鱼300克，姜丝、蒜末、干辣椒段、葱段各少许

🥄 调料 郫县豆瓣100克，盐2克，料酒、胡椒粉、生粉、芝麻油、味精、蚝油、食用油各适量

🍳 做法

① 鲫鱼治净，切上花刀，装入盘中。

② 将鱼加入味精、料酒，撒上生粉，抹匀腌制片刻。

③ 油锅烧热，放入鲫鱼炸至皮酥，捞出。

④ 油锅烧热，加入姜丝、蒜末、干辣椒段炒香。

⑤ 倒入郫县豆瓣和适量清水，放入炸好的鲫鱼，拌匀。

⑥ 加入盐、味精、蚝油煮至入味。

⑦ 鲫鱼装入盘中，留汤汁烧热，放入胡椒粉、葱段。

⑧ 淋入芝麻油炒匀，浇在鱼身上即成。

干烧鲫鱼

材料 鲫鱼1条，红椒片、姜丝、葱段各少许

调料 盐、味精、蚝油、老抽、料酒、葱油、辣椒油、食用油各适量

做法

① 鲫鱼治净，剖一字花刀，加入料酒、盐、生粉腌制。

② 锅留底油，放入姜丝、葱白煸香。

③ 放入鲫鱼、料酒，倒入水，加盖焖烧约1分钟至熟透。

④ 加入盐、味精、蚝油、老抽调味，倒入红椒片炒匀。

⑤ 淋入少许葱油、辣椒油拌匀。

⑥ 待汁收干后出锅，撒入葱叶即可。

制作指导 烹饪鲫鱼时，淋入料酒后马上盖上盖子焖片刻后再加水煮，能充分地去腥增鲜。

营养功效 鲫鱼富含优质蛋白质，品质优，易于消化吸收，是肝肾疾病、心脑血管疾病患者的良好蛋白质来源，常食可增强人体抗病能力。

干烧岩鲤

🌿 **材料**　鲤鱼150克，肥肉、腊肉、蒜蓉、姜片、灯笼泡椒、葱段、葱花各适量

🥢 **调料**　盐3克，味精、醪糟汁、白糖、料酒、辣椒油、郫县豆瓣、生粉、肉汤、食用油各适量

🍳 **做法**

① 鲤鱼治净打花刀；肥肉、腊肉洗净切末；灯笼泡椒、郫县豆瓣切碎。

② 鱼中加入盐、味精、白糖、料酒、葱段、姜片、生粉腌制，入油锅略炸。

③ 锅底留油，爆香肉末、姜末、蒜蓉、郫县豆瓣，倒入料酒、醪糟汁、肉汤煮沸。

④ 下鲤鱼焖煮，加入盐、味精、辣椒油拌匀，盛出装盘，撒上葱花即成。

🔺 **制作指导**　炸制鲤鱼的油温不可太高，以免炸焦，影响成品外观和口感。

🍲 **营养功效**　鲤鱼含有极为丰富的蛋白质，而且容易被人体吸收利用。

爆炒生鱼片

材料 生鱼550克，青椒、红椒各15克，葱、生姜、大蒜各适量

调料 盐3克，味精、水淀粉、白糖、料酒、辣椒酱、食用油各少许

做法

①生鱼治净去骨，将鱼肉切成薄片；青椒、红椒均洗净，去籽切片；大蒜、生姜均去皮切片；葱洗净切段。

②鱼片中加入盐、味精、水淀粉抓匀，再倒入食用油腌制入味。

③锅中加入水、食用油煮沸，放青椒片、红椒片焯水捞出。

④锅注油烧热，倒入生鱼片滑油捞出。

⑤锅留底油，加入姜片、蒜片和辣椒酱炒香，加入青椒、红椒、葱、生鱼片、盐、味精、白糖和料酒炒匀即可。

制作指导

生鱼片放入清水中浸泡20分钟，可使鱼肉色泽更白。

水煮财鱼

材料 生鱼300克，泡椒、姜片、蒜末、蒜苗段各少许

调料 味精、盐、鸡粉、郫县豆瓣、辣椒油、生粉、水淀粉、食用油各适量

做法

①泡椒切碎；治净的生鱼切下头，将鱼肉切片，鱼骨、鱼头斩块。

②鱼骨中加入盐、味精、生粉腌制；鱼肉片中加入盐、味精、水淀粉、食用油腌制。

③用食用油起锅，倒入蒜末、姜片、蒜梗、泡椒、郫县豆瓣炒香，放入鱼骨块，加入水煮沸，调入味精、盐、鸡粉煮入味，捞出。

④放入鱼肉片煮沸，加辣椒油、蒜叶拌匀，盛出装盘，浇入汤汁即可。

制作指导

煮鱼肉片时应用中小火慢慢煮，以免将鱼肉煮烂。

麻辣香水鱼

材料 草鱼、大葱、香菜、泡椒、花椒、酸泡菜、姜片、干辣椒、蒜末、葱花各适量

调料 盐、鸡粉、水淀粉、生抽、郫县豆瓣、白糖、料酒、食用油各适量

做法

① 香菜、大葱均洗净切段；泡椒去蒂切碎。

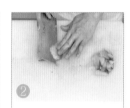

② 草鱼治净，将鱼骨切段，鱼腩骨切块，鱼肉切片。

③ 鱼头、鱼骨段、鱼腩块装碗加入盐、鸡粉、水淀粉腌制。

④ 鱼肉装碗，加入盐、鸡粉、料酒、水淀粉、食用油腌制。

⑤ 用食用油起锅，放入姜片、蒜末、干辣椒、葱段。

⑥ 加入泡椒、酸泡菜、水煮沸，加入郫县豆瓣、盐、鸡粉、白糖。

⑦ 放入鱼骨段、鱼头拌匀，略煮，捞出装碗；锅留汤烧开。

⑧ 下鱼肉片，加入生抽煮熟盛碗，加入香菜、葱花、花椒即可。

豆花鱼火锅

材料 豆腐花、鱼头块、鱼骨块、鱼肉、芹菜、朝天椒、八角、桂皮、花椒各适量

调料 盐、鸡粉、白糖、料酒、花椒油、郫县豆瓣、辣椒油、食用油、火锅底料各适量

做法

① 芹菜、朝天椒、鱼肉治净改刀;鱼肉加盐、料酒、鸡粉腌制入味。

② 鱼头块、鱼骨块装碗,加入盐、鸡粉、料酒腌制入味。

③ 用食用油起锅,爆香八角、桂皮、花椒、火锅底料炒至融化。

④ 倒入鱼头、鱼骨、料酒炒匀,加入水、郫县豆瓣、白糖。

⑤ 放入花椒油、辣椒油,装入火锅盆;锅留汤烧热,下入鱼肉片。

⑥ 下豆腐花、朝天椒煮熟,盛入火锅,放入芹菜即可。

制作指导 豆腐花入锅后要顺一个方向搅拌,而且力度要均匀,以免煮碎。

营养功效 豆花含有蛋白质、维生素、铁、钙、钾、磷、镁等营养成分,与鱼一起食用具有开胃消食的功效。

川江鲇鱼

🍲 **材料** 鲇鱼700克，泡小米椒、灯笼泡椒各30克，蒜苗100克，姜片、葱白各少许

🍶 **调料** 盐4克，鸡粉3克，生抽、料酒各少许，郫县豆瓣15克，生粉、食用油各适量

🍳 **做法**

❶ 泡小米椒切丁；蒜苗洗净切段；鲇鱼治净切段。

❷ 鱼中加入盐、鸡粉、生抽、料酒、生粉抓匀腌制。

❸ 鲇鱼段入油锅炸至两面焦黄，捞出。

❹ 锅底留油，炒香姜片、葱白。

❺ 倒入泡小米椒丁、灯笼泡椒、蒜苗梗，炒匀。

❻ 加入适量清水，放入郫县豆瓣、盐、鸡粉、生抽煮沸。

❼ 倒入炸好的鲇鱼段，煮至入味。

❽ 放入蒜苗叶炒匀，大火收汁即可。

🍵 红烧鲇鱼

🏷 **材料** 鲇鱼150克，冬笋50克，干辣椒、姜片、葱白、葱段、香菇丝各少许

🧂 **调料** 盐5克，白糖、味精、水淀粉、蚝油、料酒、生粉、老抽、葱油、食用油各适量

🍲 **做法**

❶ 鲇鱼宰杀洗净，切块；冬笋去皮洗净切丝。

❷ 鲇鱼装碗，加入盐、白糖、料酒、生粉拌匀，腌制。

❸ 用食用油起锅，倒入鲇鱼块，炸至金黄色捞出，盛盘。

❹ 锅底留油，放入姜片、葱白、鲇鱼块、冬笋丝、干辣椒、香菇。

❺ 加入料酒、清水煮沸，加入盐、味精、蚝油、老抽。

❻ 用水淀粉勾芡，淋入葱油，撒入葱段炒匀即可。

🔺 **制作指导** 冬笋切好后，放入淡盐水中清洗，可去其涩味。

☢ **营养功效** 冬笋富含氨基酸、维生素、糖类以及钙、铁、磷等矿物质，和鲇鱼一起食用有益气补血的功效。

干烧鲈鱼

🔸 **材料** 鲈鱼600克，红椒15克，泡小米椒40克，姜片、蒜末、葱段各少许

🔸 **调料** 陈醋20毫升，盐2克，鸡粉、生抽、生粉、水淀粉、老抽、料酒、食用油各适量

🔸 **做法**

❶ 红椒洗净切圈；泡小米椒切圈；鲈鱼宰杀洗净。

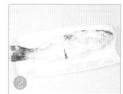

❷ 鲈鱼装入盘中，加入盐、生粉抹匀。

❸ 用食用油起锅，放入鲈鱼炸至两面呈金黄色，捞出。

❹ 用食用油起锅，炒香姜片、蒜末、红椒圈、泡小米椒圈。

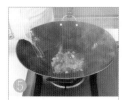

❺ 淋入料酒，倒入适量清水。

❻ 加入盐、鸡粉、生抽、老抽拌匀，煮沸。

❼ 加入陈醋，放入鲈鱼，慢火烧煮3分钟，盛入盘中。

❽ 原汤加水淀粉勾芡，浇在鲈鱼上，撒上葱段即可。

功夫鲈鱼

🔹 **材料** 鲈鱼1条，菜心150克，青椒、红椒各20克，泡椒30克

🔹 **调料** 盐5克，味精2克，胡椒粉、生粉、食用油各适量

🔹 **做法**

❶ 泡椒切碎；红椒、青椒切圈；鲈鱼治净肉切片，骨斩块。

❷ 鲈鱼肉片、鱼骨块中加入盐、味精、胡椒粉、生粉腌制。

❸ 鲈鱼头、尾用盐、生粉拌匀；青椒圈、红椒圈用盐、味精拌匀。

❹ 锅中注入水烧热，放入洗净的菜心焯熟，捞出。

❺ 用食用油起锅，放入鲈鱼头、尾稍炸捞出。

❻ 倒入鲈鱼肉片、骨块滑油；将食材摆盘，淋入热油即可。

🔺 **制作指导** 鲈鱼治净后，放入盆中倒入黄酒略微腌制，就能除去鱼的腥味，并能使鱼肉滋味鲜美。

🔸 **营养功效** 鲈鱼肉是高蛋白肉类，富含维生素A和维生素B，能滋补肝肾脾胃，对感冒咳嗽也有疗效，可化痰止咳。

泡椒黄鱼

材料 灯笼泡椒、泡小米椒各50克，黄鱼450克，姜片、蒜末、葱白各少许

调料 郫县豆瓣、辣椒酱、盐、味精、鸡粉、生粉、料酒、老抽、水淀粉、食用油各适量

做法

❶ 将泡小米椒切丁，装碟；黄鱼治净。

❷ 黄鱼中加入盐、味精、料酒、生粉拌匀，腌制10分钟。

❸ 用食用油起锅，放入黄鱼炸约2分钟至熟，捞出。

❹ 用食用油起锅，炒香姜片、蒜末、泡小米椒丁、灯笼泡椒。

❺ 加入水、郫县豆瓣、辣椒酱、盐、鸡粉、老抽拌匀。

❻ 放入黄鱼，煮至入味，盛出装盘。

❼ 原汤汁加入水淀粉勾芡，调成稠汁，放入葱段拌匀。

❽ 把稠汁浇在黄鱼身上即成。

酸菜剁椒小黄鱼 ▶ 降压降糖，适合糖尿病患者食用。

材料 小黄鱼230克，酸菜80克，剁椒20克，姜片、蒜末、葱段各少许

调料 郫县豆瓣5克，盐、鸡粉各2克，生粉7克，生抽、料酒、水淀粉、食用油各适量

做法

① 酸菜洗净切碎；处理干净的小黄鱼装入盘中。

② 小黄鱼中加入盐、鸡粉、生抽、料酒、生粉腌制入味。

③ 小黄鱼下入油锅炸至金黄色后捞出。

④ 锅底留油，爆香葱段、姜片、蒜末、剁椒、酸菜。

⑤ 加入郫县豆瓣、鸡粉、盐、料酒、水煮开，放小黄鱼煮至入味。

⑥ 将鱼盛出，汤汁加水淀粉调成浓汁，浇在黄鱼身上即可。

制作指导 酸菜切碎后可用清水多冲洗几次，这样才能将其杂质去除干净。

营养功效 小黄鱼富含蛋白质、矿物质和维生素，具有很好的补益效果。

干烧福寿鱼

🌱 材料　福寿鱼400克，蒜苗30克，干辣椒8克，姜片、蒜末、葱段各少许

🍶 调料　鸡粉5克，盐6克，面粉10克，郫县豆瓣20克，生抽、老抽、水淀粉、食用油各适量

🍳 做法

❶ 蒜苗洗净切段；福寿鱼治净切花刀，加入生抽、盐、鸡粉、面粉腌制。

❷ 福寿鱼入油锅炸熟捞出；锅底留油，爆香姜片、蒜末、葱段、干辣椒。

❸ 加入水、郫县豆瓣、生抽、老抽、鸡粉和盐煮沸，放入福寿鱼煮入味，盛出。

❹ 在原汤汁中放入蒜苗，加入水淀粉勾芡成稠汁，浇在福寿鱼身上即可。

🔺 制作指导

福寿鱼剖开洗净后，在牛奶中泡一会儿，既可除腥，又能增加鲜味。

🍴 营养功效

福寿鱼含有丰富的蛋白质、氨基酸，对促进智力发育有明显的效果。

川椒鳜鱼

材料 鳜鱼600克，青椒、红椒各20克，花椒、姜片、蒜末、葱段各少许

调料 花椒油、料酒、盐、味精、白糖、鸡粉、生抽、水淀粉、生粉、食用油各适量

做法

①青椒、红椒均洗净切片；鳜鱼宰杀洗净，加入盐、生粉，入油锅炸至断生。

②锅中留油，爆香姜片、葱段、蒜末、花椒。

③加入料酒、水、鳜鱼、青椒片、红椒片煮沸，淋入花椒油、盐、味精、白糖、鸡粉、生抽。

④盛出鳜鱼，原汤中加入水淀粉、食用油调成浓汁，浇在鳜鱼肉上，撒入葱段即成。

制作指导

炸制鳜鱼时要注意控制好油温，以免影响鱼肉肉质。

豆瓣酱焖红衫鱼

材料 净红衫鱼200克，姜片、蒜末、红椒圈、葱丝各少许

调料 郫县豆瓣6克，盐2克，鸡粉2克，料酒5毫升，生抽7毫升，水淀粉、食用油各适量

做法

①红衫鱼治净，先加入盐、鸡粉、生抽、料酒、生粉腌制，再入油锅炸断生捞出。

②锅底留油，爆香姜片、蒜末、红椒圈。

③淋入料酒，注入适量清水。

④加入郫县豆瓣、盐、鸡粉、生抽烧沸。

⑤放入红衫鱼，煮至入味，装盘。

⑥锅中汤汁加水淀粉勾芡，调成稠汁浇在红衫鱼上，撒上葱丝即成。

制作指导

腌制红衫鱼前，先切上几处花刀，这样能使鱼肉更容易入味。

麻辣豆腐鱼

材料 鲫鱼300克,豆腐200克,醪糟汁40克,干辣椒3克,花椒、姜片、蒜末、葱花各少许

调料 盐、郫县豆瓣、胡椒粉、老抽、生抽、陈醋、水淀粉、花椒油、食用油适量

做法

❶ 豆腐洗净后切开,再改切成小方块,备用;鲫鱼治净。

❷ 用食用油起锅,放入鲫鱼,小火煎至两面断生。

❸ 放入干辣椒、花椒、姜片、蒜末,炒出香味。

❹ 倒入醪糟汁,加入水,加入少许郫县豆瓣、生抽、盐调味。

❺ 淋入花椒油,拌匀,放入豆腐块,用中火煮至熟。

❻ 淋上陈醋,小火焖煮约5分钟至鲫鱼肉熟软,盛出。

❼ 锅留汤汁烧热,淋入老抽,加入水淀粉勾芡成味汁。

❽ 味汁盛出,浇在鲫鱼身上,撒上葱花、胡椒粉即可。

双椒淋汁鱼

材料 草鱼300克，红椒、青椒、豆豉、姜片、蒜末、葱花各适量

调料 鸡粉3克，盐4克，生抽、郫县豆瓣、料酒、水淀粉、食用油各适量

做法

❶ 红椒洗净切圈；青椒洗净切块；草鱼肉洗净切片。

❷ 草鱼片中加入盐、鸡粉、料酒、水淀粉、食用油腌制。

❸ 用食用油起锅，倒入草鱼片滑油捞出，摆盘，撒上葱花。

❹ 锅底留油，倒入豆豉、姜片、蒜末，爆香。

❺ 加入郫县豆瓣、红椒圈、青椒块、生抽、鸡粉，炒匀。

❻ 加入盐、水、水淀粉勾芡成味汁，浇在草鱼片上即可。

制作指导 鱼片入锅滑油的时间不宜过长，以免肉质变老，影响口感。

营养功效 草鱼含有丰富的不饱和脂肪酸，对血液循环有利。此外，草鱼还含有丰富的硒元素，经常食用有抗衰老、美容养颜等功效。

爆炒鳝鱼

🔶 **材料** 鳝鱼500克，蒜苗30克，青椒20克，红椒30克，干辣椒、姜片、蒜末、葱白各少许

🔶 **调料** 盐、郫县豆瓣、辣椒酱、鸡粉、生粉、水淀粉、料酒、生抽、老抽、食用油各适量

🔶 **做法**

❶ 青椒、红椒均洗净切片；蒜苗洗净切段；鳝鱼治净切成段，装入碗中。

❷ 鳝鱼中加入盐、料酒、生粉拌匀腌制入味，再入沸水锅中汆水捞出。

❸ 热油爆香姜片、蒜末、葱白、干辣椒，放入蒜苗段、青椒片、红椒片、鳝鱼段。

❹ 加入料酒、盐、鸡粉、郫县豆瓣、辣椒酱、生抽、老抽、水淀粉勾芡炒匀入味即可。

🔷 **制作指导**

倒入鳝鱼后，要用大火快炒，以保证鳝鱼的鲜嫩口感。

🔷 **营养功效**

鳝鱼含蛋白质、脂肪及多种维生素，有很好的补益效果。

口味鳝片

材料 鳝鱼肉150克，蒜薹60克，红椒、干辣椒、姜片、蒜末、葱白各少许

调料 料酒、盐、味精、辣椒酱、水淀粉、食用油各适量

做法

①蒜薹、红椒、干辣椒均洗净切段；鳝鱼肉洗净切片，加入盐、味精、料酒、水淀粉腌制。

②沸水锅中加入食用油、盐，将蒜薹煮熟捞出；再将鳝鱼片焯水，捞出。

③锅底留油，放入蒜末、姜片、葱白、干辣椒、红椒、蒜薹、鳝鱼肉片炒匀。

④淋上料酒，放入盐、味精、辣椒酱，加入水淀粉勾芡，淋入熟油拌匀即可。

制作指导

鳝鱼片在翻炒时应放入足够的食用油，翻炒时间不宜过长，以免鳝鱼片炒碎了。

水煮鳝鱼

材料 鳝鱼片250克，灯笼泡椒、小米椒、蒜梗、蒜片、姜片、葱花、郫县豆瓣各适量

调料 盐、鸡粉、料酒、花椒粉、食用油、生粉各适量

做法

①灯笼泡椒、小米椒均洗净剁碎；郫县豆瓣剁碎；鳝鱼片洗净切段，加入料酒、盐、鸡粉、生粉拌匀，腌制入味。

②用食用油起锅，爆香姜片、蒜片、蒜梗，放入灯笼泡椒、郫县豆瓣略炒。

③倒入鳝鱼段，加入料酒炒匀，注入水煮沸，放入小米椒煮熟，调入鸡粉、盐拌匀，装入盘中。

④撒入花椒粉和葱花，浇上热油即成。

制作指导

鳝鱼死后容易产生组胺，易引发中毒现象，所以最好宰杀后立刻食用。

辣拌泥鳅

🍲 材料　泥鳅300克，干辣椒5克，蒜末、葱花各少许

🥄 调料　盐2克，鸡粉1克，辣椒酱10克，生抽4毫升，生粉、食用油各适量

⚙ 做法

❶ 泥鳅装入盘中，撒上生粉，拌匀。

❷ 用食用油起锅，放入泥鳅炸3分钟，捞出。

❸ 用食用油起锅，倒入干辣椒、蒜末爆香。

❹ 调入辣椒酱、生抽、盐、鸡粉。

❺ 加入葱花炒匀。

❻ 炒好的作料盛出。

❼ 取一个干净的碗，把泥鳅倒入碗中。

❽ 倒入炒好的作料，用筷子拌匀即可。

泡椒泥鳅

材料 泥鳅180克,泡椒50克,水笋片20克,姜片15克,葱白少许

调料 盐、味精、料酒、蚝油、水淀粉、食用油各适量

做法

① 泥鳅宰杀洗净,加入少许盐、味精、料酒拌匀腌制。

② 泥鳅放入七成热的油锅,炸至熟。

③ 锅底留油,倒入姜片、水笋片、葱白,爆香。

④ 倒入泥鳅,加入料酒、盐、味精、蚝油翻炒调味。

⑤ 倒入泡椒炒匀。

⑥ 加入适量水淀粉勾芡,炒匀即成。

制作指导 将鲜活的泥鳅放养在清水中,加入少许食盐和植物油,可以使泥鳅吐尽腹中的泥沙。

营养功效 泥鳅属高蛋白、低脂肪食材,其富含的多种维生素以及不饱和脂肪酸和卵磷脂,是构成人脑细胞中不可缺少的物质。

泡椒墨鱼

材料 墨鱼500克，灯笼泡椒、泡小米椒各20克，姜片、葱段各少许

调料 盐、味精、白糖、葱姜酒汁、水淀粉、芝麻油、食用油、蚝油各适量

做法

❶ 泡小米椒切开；墨鱼切片，加入盐、味精、白糖、葱姜酒汁、水淀粉腌制。

❷ 墨鱼片炸断生捞出；锅底留油，炒香葱白、姜片，放入墨鱼，加入蚝油炒匀。

❸ 倒入灯笼泡椒、泡小米椒炒匀，用水淀粉勾芡。

❹ 淋入芝麻油，撒上葱段，炒匀即成。

制作指导

墨鱼烹制前要清除内脏，因为其内脏中含有大量的胆固醇，多食无益。

营养功效

墨鱼富含蛋白质、维生素及钙、磷、铁等成分，具有益气补血的功效。

东坡墨鱼

材料 墨鱼300克，蒜末、姜末、红椒末、葱白、葱段各少许

调料 料酒、盐、生粉、味精、白糖、陈醋、生抽、老抽、郫县豆瓣、水淀粉、芝麻油、食用油各适量

做法

①墨鱼治净，划开，切花刀，加入料酒、盐拌匀，腌制入味；郫县豆瓣切碎。

②热锅中注入水，放入墨鱼焯熟捞出，加入生抽、生粉拌匀，入油锅炸熟捞出。

③爆香蒜末、姜末、红椒末、葱白，加入水、陈醋、郫县豆瓣、盐、味精。

④加入白糖、生抽、老抽、水淀粉、芝麻油，淋在墨鱼上，撒上葱段即成。

 制作指导

焯水后的墨鱼拌匀后，最好腌制片刻。

干锅墨鱼仔

材料 墨鱼仔300克，青椒、红椒各25克，蒜苗、干辣椒、姜片、蒜末、葱白各少许

调料 盐、味精、郫县豆瓣、食用油、鸡粉、蚝油、老抽、料酒、生粉、水淀粉各适量

做法

①青椒、红椒洗净切片；墨鱼仔治净切条，加入料酒、盐、味精、生粉腌制，焯水，加入生粉后入油锅滑油捞出。

②锅底留油，炒香蒜末、姜片、葱白。

③倒入干辣椒、蒜苗梗、墨鱼仔条炒匀。

④加入料酒、郫县豆瓣、水、青椒片、红椒片、盐、味精、鸡粉、蚝油、老抽，加入蒜苗叶、水淀粉、热油炒匀即可。

 制作指导

倒入墨鱼应用大火快速翻炒，能确保墨鱼的鲜嫩。

辣炒鱿鱼

🔄 **材料** 鱿鱼150克，青椒、红椒各25克，蒜苗梗20克，干辣椒7克，姜片6克

🍶 **调料** 盐、味精、水淀粉、辣椒酱、料酒、食用油各适量

🔄 **做法**

❶ 青椒、红椒洗净切丁；鱿鱼洗净切丁；干辣椒洗净。

❷ 鱿鱼丁中加入料酒、盐、味精、水淀粉腌制。

❸ 锅中加入水烧开，放入鱿鱼丁，氽水捞出。

❹ 用食用油起锅，放入姜片，爆香。

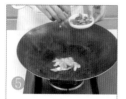

❺ 放入已切好洗净的蒜苗梗，炒香。

❻ 倒入鱿鱼丁、干辣椒炒匀，放入青椒丁、红椒丁。

❼ 淋入料酒，放入辣椒酱、盐、味精。

❽ 倒入少许水淀粉勾芡，淋入热油炒匀即可。

干锅鱿鱼

🖐 **材料** 净鱿鱼300克，青辣椒片30克，干辣椒15克，姜片7克，蒜片6克

⚖ **调料** 盐、味精、料酒、郫县豆瓣、蚝油、辣椒油、食用油各少许

⊙ **做法**

① 鱿鱼头切开，刻麦穗花刀，切片；鱿鱼须切段。

② 水烧热，加入鱿鱼、料酒、盐，氽水片刻捞出。

③ 用食用油起锅，倒入姜片、蒜片，放入郫县豆瓣爆香。

④ 倒入干辣椒翻炒，加入水、盐、味精、蚝油调味。

⑤ 放入青椒、鱿鱼拌匀，煮约2分钟至熟透。

⑥ 淋入辣椒油拌匀，收干汁后转到干锅即成。

💬 **制作指导** 食用新鲜鱿鱼时一定要去除内脏，因为其内脏中含有大量的胆固醇。

💬 **营养功效** 鱿鱼含蛋白质、氨基酸、脂肪、钙、磷、硒、钾、钠等营养成分，对大脑、骨骼发育和造血十分有益，还可预防贫血。

香辣鱿鱼卷

材料 鱿鱼200克，芹菜100克，老干妈酱20克，胡萝卜80克，姜片、蒜末、葱白各少许

调料 盐3克，鸡粉2克，水淀粉、料酒各适量

做法

❶ 芹菜洗净切段；胡萝卜去皮洗净切条；鱿鱼须洗净切段，鱿鱼切块。

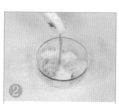

❷ 将鱿鱼装入碗中，加入少许料酒、盐、鸡粉拌匀，腌制5分钟。

❸ 锅注水烧开，加入胡萝卜条、食用油、芹菜段焯水捞出，放入鱿鱼块汆水捞出。

❹ 用食用油起锅，放入葱白、姜片、蒜末、老干妈酱、焯过水的食材及调料炒匀。

制作指导

烹饪此菜时，要待老干妈酱炒出酱香味后再放入鱿鱼。

营养功效

鱿鱼富含钙、磷、铁等金属元素，能有效缓解贫血。

🥬 辣味鱿鱼须

材料 鱿鱼须450克，干辣椒30克，生姜25克，葱10克，大蒜少许

调料 郫县豆瓣12克，盐3克，味精2克，胡椒粉、蚝油、料酒、水淀粉、辣椒油、食用油各适量

做法

①鱿鱼须均治净切段；生姜切丝；大蒜切成末；葱切小段。

②葱白、姜丝中加入料酒，挤出汁水，浇在鱿鱼上；鱿鱼须加入盐、味精抓匀，腌制约10分钟，至其入味。

③用食用油起锅，放入姜丝、蒜末爆香，放入郫县豆瓣炒匀，倒入干辣椒炒香。

④放入鱿鱼须炒熟，加入盐、味精、蚝油炒匀入味，倒入水淀粉，加入胡椒粉、辣椒油炒匀，撒上葱段炒匀即可。

制作指导

鱿鱼须切段后最好切上花刀，这样炒制时才更易入味。

🥬 沸腾虾

材料 基围虾300克，干辣椒10克，花椒7克，蒜末、姜片、葱段各少许

调料 盐、味精、鸡粉、食用油、辣椒油、郫县豆瓣各适量

做法

①基围虾洗净，切去头须、虾脚。

②用食用油起锅，倒入蒜末、姜片、葱段、干辣椒、花椒，爆香。

③加入郫县豆瓣炒匀，倒入适量清水。

④放入辣椒油，再加入盐、味精、鸡粉调味。

⑤倒入处理好的基围虾，煮1分钟至熟。

⑥快速翻炒片刻，盛出装入盘中即可。

制作指导

爆香作料时用大火将香味炒出来，虾用大火爆炒，能使虾入味。

泡椒基围虾

🌱 **材料** 基围虾250克，灯笼泡椒50克，姜片、蒜末、葱白、葱叶各少许

🥄 **调料** 盐3克，水淀粉10毫升，鸡粉、味精、料酒、食用油各适量

🍳 **做法**

① 将洗净的虾剪去须、脚，切开虾的背部。

② 将处理好的虾入油锅炸熟，捞出。

③ 锅底留油，爆香姜片、蒜末、葱白。

④ 倒入灯笼泡椒翻炒炒匀。

⑤ 再倒入处理好的基围虾炒匀。

⑥ 加入料酒、鸡粉、味精、盐炒匀。

⑦ 倒入水淀粉勾芡，加入葱叶炒匀。

⑧ 翻炒片刻，至食材熟透，盛出即可。

麻辣干锅虾

材料 基围虾300克，莲藕、青椒、干辣椒、花椒、姜片、蒜末、葱段各适量

调料 料酒、生抽、盐、鸡粉、辣椒油、花椒油、食用油、水淀粉、郫县豆瓣、白糖各适量

做法

❶ 莲藕治净切丁；青椒治净切块；基围虾治净。

❷ 用食用油起锅，倒入基围虾，炸至亮红色，捞出。

❸ 锅留油烧热，倒入干辣椒、花椒、姜片、蒜末、葱段爆香。

❹ 倒入莲藕丁、青椒块、郫县豆瓣、基围虾翻炒。

❺ 加入料酒、生抽、水、盐、鸡粉、白糖、辣椒油煮开。

❻ 加入花椒油炒匀，调入水淀粉勾芡，盛入盘中即可。

制作指导 基围虾滑油的时间不要过久，以免虾仁变老，影响口感。

营养功效 基围虾含有维生素B$_6$、蛋白质、脂肪、泛酸、叶酸等成分，有利于预防高血压及心肌梗死。

串串香辣虾

🔲 **材料** 基围虾250克，竹签10根，干辣椒2克，红椒末4克，蒜末3克，葱花少许

🔲 **调料** 盐3克，味精1克，辣椒粉2克，芝麻油3毫升，食用油适量

🔲 **做法**

① 基围虾洗净，去掉头须和虾脚，取竹签，由虾尾部插入，把虾逐一穿好。

② 热锅中注入食用油，烧热，倒入基围虾，炸约2分钟至熟透捞出。

③ 锅底留油，爆香蒜末、红椒末、干辣椒、葱花，倒入炸好的基围虾。

④ 加入盐、味精、芝麻油、辣椒粉炒入味，虾入装盘中，锅中香料铺在上面即成。

🔲 **制作指导**

汆煮基围虾时，放入少许柠檬片可去除腥味，使虾肉更鲜美。

🔲 **营养功效**

基围虾富含蛋白质、脂肪、多种矿物质等，对心脏活动具有重要的调节作用。

家常油爆虾

材料 基围虾150克，红椒20克，蒜末、葱花各少许

调料 盐、鸡粉各2克，郫县豆瓣10克，料酒、食用油各适量

做法

①红椒洗净切成圈；基围虾洗净，剪去头须和虾脚，切开背部。

②炒锅中注入食用油，烧至五成热，放入基围虾，炸约1分钟，捞出备用。

③锅底留油，放入蒜末、红椒圈爆香，加入适量郫县豆瓣，炒匀。

④把基围虾倒入锅中，翻炒均匀。

⑤放入葱花炒匀，加入适量盐、鸡粉。

⑥淋入料酒，拌炒入味，盛出即可。

制作指导

炸制基围虾时，要控制好火候，以免影响基围虾的鲜嫩口感。

椒盐基围虾

材料 基围虾150克，葱花、蒜末、姜末、辣椒末各适量

调料 味椒盐、生粉、食用油各适量

做法

①基围虾洗净，切去头须，切开背部，装入盘内，撒上生粉。

②热锅中注入食用油烧热，倒入基围虾，炸约1分钟，至虾变红后捞出。

③锅留底油，倒入部分葱末、蒜末、姜末、辣椒末爆香。

④倒入基围虾翻炒匀。

⑤撒入味椒盐，炒匀，撒上剩余葱末。

⑥将基围虾翻炒片刻，装入盘中即成。

制作指导

基围虾在长期的进食过程中，金属成分易积累在头部，所以尽量不要吃虾头。

椒盐濑尿虾

材料 濑尿虾350克，洋葱30克，红椒20克，蒜末、葱花各少许

调料 辣椒酱10克，味椒盐5克，食用油适量

做法

❶ 洋葱、红椒均洗净切粒；处理干净的濑尿虾，焯水捞出沥干。

❷ 濑尿虾入油锅中炸至虾肉外脆里嫩，捞出。

❸ 用食用油起锅，倒入红椒粒、洋葱粒、蒜末爆香，再放入辣椒酱炒匀。

❹ 倒入濑尿虾，撒上味椒盐，翻炒至入味，撒上葱花，盛出装入盘中即可。

制作指导

若选用自己炒制的椒盐，最好滴上少许芝麻油，不仅能增香，还可提味。

营养功效

濑尿虾含有丰富的镁，能很好地保护心血管系统。

泡椒炒花蟹

材料 花蟹2只，泡椒、灯笼泡椒各10克，姜片、葱段各少许

调料 盐、白糖、水淀粉、生粉、食用油各少许

做法

①将泡椒对半切开；生粉撒在已处理好的花蟹上。

②热锅中注入食用油，倒入花蟹炸熟，捞出。

③锅底留油，放入姜片爆香。

④倒入少许清水，放入花蟹煮沸。

⑤调入盐、白糖，倒入灯笼泡椒炒匀。

⑥加入少许水淀粉勾芡，倒入少许熟油和葱段，拌匀即成。

制作指导

花蟹的大钳很硬，吃起来不方便，煮之前可以先把它拍裂，会更易入味。

姜葱炒花蟹

材料 花蟹2只，姜片15克，葱20克，蒜末少许

调料 盐、味精、鸡粉、料酒、生抽、生粉、水淀粉、食用油各适量

做法

①花蟹洗净，取下蟹壳，去鳃和内脏，斩块，把蟹脚拍破，装盘撒入生粉。

②用食用油起锅，倒入蟹壳炸至呈鲜红色捞出，放入姜片，倒入蟹块，炸约1分钟至熟，捞出。

③锅留底油，倒入葱白、蒜末爆香，倒入花蟹块，加入料酒、盐、味精、鸡粉炒匀，淋入少许生抽提鲜，加入葱叶。

④加入水淀粉勾芡，翻炒均匀即成。

制作指导

花蟹经过刀工处理后，烹饪时易入味，夹取食用时也比较方便。

老黄瓜炒花甲

材料 老黄瓜190克，花甲230克，青椒、红椒各40克，姜片、蒜末、葱段各少许

调料 郫县豆瓣5克，盐、鸡粉各2克，料酒4毫升，生抽6毫升，水淀粉、食用油各适量

做法

① 老黄瓜洗净去皮去瓤，切片；青椒、红椒均洗净，切块；花甲焯水捞出。

② 用食用油起锅，放入姜片、蒜末、葱段、老黄瓜片、青椒块、红椒块翻炒。

③ 放入花甲炒匀，加入郫县豆瓣、鸡粉、盐，淋入料酒、生抽，炒香。

④ 倒入水淀粉勾芡，炒至入味即成。

制作指导

处理花甲前，可将其放入淡盐水中浸泡1～2小时，以使它吐尽脏物。

营养功效

花甲含有维生素、钙、镁、铁、锌等营养元素，具有保护视力的功效。

双椒爆花甲

材料 花甲500克，青椒片、红椒片、干辣椒、蒜末、姜片、葱白各少许

调料 盐3克，料酒、味精、鸡粉、芝麻油、辣椒油、豆豉酱、郫县豆瓣、水淀粉、食用油各适量

做法

①锅中水烧开，倒入花甲煮至壳开。

②用食用油起锅，爆香干辣椒、姜片、蒜末、葱白。

③加入青椒片、红椒片、豆豉酱翻炒。

④放入花甲、味精、盐、鸡粉炒匀。

⑤加入料酒、郫县豆瓣、辣椒油炒匀，倒入水淀粉勾芡。

⑥加入少许芝麻油炒匀即可。

制作指导

花甲本身极富鲜味，烹制时不宜多放盐，以免失去了花甲本身的鲜味。

麻辣水煮花蛤

材料 花蛤蜊500克，豆芽、黄瓜、芦笋、青椒、红椒、去皮竹笋各适量，辣椒粉、干辣椒、花椒、香菜、姜片、葱段、蒜片各少许

调料 郫县豆瓣、鸡粉、生抽、料酒、食用油各适量

做法

①洗净的红椒、青椒切圈；洗净的竹笋、黄瓜切片；洗净的芦笋切段。

②用油起锅，倒入蒜片、姜片、花椒、干辣椒、郫县豆瓣、辣椒粉炒匀，加水烧开，加入花蛤蜊、鸡粉、生抽、料酒煮沸捞出装碗；竹笋、豆芽、黄瓜、芦笋煮好装碗，倒入青椒、红椒、汤汁，放上香菜、葱段、辣椒粉。

③用油起锅，倒入剩余的花椒、干辣椒稍煮，浇在花蛤蜊上，放上香菜叶即可。

制作指导

竹笋事先要焯水再煮，这样更易煮熟。

辣爆蛏子

材料 蛏子700克，红椒、青椒各20克，干辣椒2克，姜片、蒜末、葱白各少许

调料 盐4克，味精2克，辣椒酱、水淀粉、料酒、生抽、老抽、食用油各适量

做法

① 洗净的红椒、青椒均切块。

② 水烧开，倒入蛏子煮至壳开，捞出，洗净。

③ 用食用油起锅，倒入姜片、蒜末、葱白爆香。

④ 倒入干辣椒炒匀，倒入青椒块、红椒块，翻炒匀。

⑤ 倒入蛏子，淋入少许料酒，翻炒均匀。

⑥ 放入辣椒酱，调入盐、味精。

⑦ 注入少许清水，淋上生抽、老抽，翻炒至熟。

⑧ 用少许水淀粉勾芡即成。

香芹辣椒炒扇贝

🔸 **材料** 扇贝300克，芹菜80克，干辣椒、姜片、蒜末各少许

🔸 **调料** 郫县豆瓣15克，盐2克，鸡粉2克，料酒5毫升，水淀粉、食用油各适量

🔸 **做法**

❶ 洗净的芹菜切段。

❷ 锅中注入水，倒入洗净的扇贝煮半分钟，捞出取肉。

❸ 用食用油起锅，放入姜片、蒜末、干辣椒爆香。

❹ 倒入芹菜段炒至断生，倒入扇贝肉、料酒炒香。

❺ 加入郫县豆瓣，快速翻炒片刻。

❻ 放入鸡粉、盐，淋入少许水淀粉，炒匀即成。

🔺 **制作指导** 汆煮扇贝时，撒上少许食粉和白醋，能有效去除其腥味。

🔺 **营养功效** 扇贝含有蛋白质、B族维生素、镁、钾，其热量低且不含饱和脂肪。常吃扇贝有助于预防心脏病和老年痴呆症。

辣炒田螺

📥 **材料** 田螺1000克，紫苏叶、葱段各25克，干辣椒、生姜、桂皮、花椒、八角各适量

🍶 **调料** 盐、味精、白酒、蚝油、老抽、生抽、辣椒酱、食用油各适量

📋 **做法**

❶ 田螺洗净去尾，氽水2分钟，捞出沥干；生姜切片；紫苏叶切碎。

❷ 用食用油起锅，放入生姜片、花椒、桂皮、八角、葱白、辣椒酱炒匀。

❸ 倒入干辣椒拌炒片刻，倒入田螺，加入白酒炒匀，倒入清水煮2分钟。

❹ 放入紫苏叶、盐、味精、蚝油、老抽、生抽炒匀，撒上葱段炒入味即成。

🔺 **制作指导**

炒制田螺时，可以加些糯米酒，既可以提味，又能去除田螺的腥味。

🔺 **营养功效**

田螺含蛋白质、维生素、矿物质等，是高蛋白、低脂肪、高钙质的食品。

双椒爆螺肉

材料 田螺肉250克，青椒片、红椒片各40克，姜末、蒜蓉各20克，葱末少许

调料 盐、味精、料酒、水淀粉、辣椒油、芝麻油、食用油、胡椒粉各适量

做法

①用食用油起锅，倒入葱末、姜末、葱末爆香，倒入田螺肉翻炒约2分钟至熟。

②放入青椒片、红椒片拌炒均匀。

③放入盐、味精炒匀，加入料酒调味。

④加入水淀粉勾芡，放入辣椒油、芝麻油，撒入胡椒粉拌炒均匀。

⑤将炒好的食材盛出即可。

制作指导

螺肉要用清水彻底冲洗干净，烹制时多放一些料酒，这样成品的味道更香浓。

辣酒焖花螺

材料 花雕酒800毫升，花螺500克，青椒圈5克，红椒圈5克，干辣椒、香料（花椒、香叶、草果、八角、沙姜）、姜片、葱段、蒜末各少许

调料 鸡粉2克，蚝油、料酒、胡椒粉、郫县豆瓣、食用油各适量

做法

①锅中注水烧开，倒入洗好的花螺，淋入少许料酒，汆去腥味，捞出，备用。

②热锅注油，倒入姜片、蒜末、葱段爆香，再倒入各种香料，放入郫县豆瓣炒香。

③放入青椒圈、红椒圈，倒入花雕酒，放入花螺拌匀，加入鸡粉、蚝油、胡椒粉。

④盖上锅盖，用大火焖20分钟至食材熟透、入味，关火后揭开锅盖，拣出香料即可。

制作指导

花螺焖煮的时间较长，因此汆水的时间不要太长，以免影响口感。

川味牛蛙

🍴 **材料** 丝瓜180克，牛蛙200克，姜片15克，葱段15克，干辣椒段20克，花椒适量

🥄 **调料** 盐、郫县豆瓣、蚝油、辣椒油、花椒油、料酒、水淀粉、白糖、味精、食用油各适量

👨‍🍳 **做法**

① 去皮洗净的丝瓜切块；牛蛙宰杀处理干净。

② 将牛蛙加入料酒、盐、味精、白糖、水淀粉，腌制10分钟。

③ 锅中注入水，加盐、味精、食用油烧开。

④ 倒入丝瓜块，焯水至熟，捞出，装入碗中备用。

⑤ 热油炒香姜片、葱段、干辣椒段、花椒、郫县豆瓣。

⑥ 放入牛蛙炒匀，加入料酒、水煮入味。

⑦ 加入蚝油、盐、辣椒油、花椒油，翻炒匀。

⑧ 牛蛙炒入味，盛出，倒在丝瓜块上即可。

泡椒牛蛙

材料 牛蛙200克，灯笼泡椒20克，干辣椒、红椒段、蒜苗梗、姜片、蒜末、葱白各适量

调料 盐3克，水淀粉10毫升，鸡粉3克，生抽3毫升，蚝油3克，食用油、料酒各适量

做法

① 处理干净的牛蛙斩成块；灯笼泡椒对半切开。

② 牛蛙块中加入盐、鸡粉、料酒、食用油腌制。

③ 用食用油起锅，爆香姜片、蒜末、葱白、干辣椒。

④ 倒入牛蛙炒至变色，淋入料酒，加入蚝油炒匀。

⑤ 倒入蒜苗梗、红椒段，再倒入灯笼泡椒炒匀。

⑥ 调入生抽、鸡粉，加入水淀粉勾芡，淋入热油即可。

制作指导 腌制牛蛙时，要充分搅拌，使调料均匀黏附到牛蛙上，以去其腥味。

营养功效 牛蛙富含蛋白质，是一种低脂肪、低胆固醇的营养食品，具有滋补解毒的功效。

水煮牛蛙

🍴 **材料** 牛蛙300克，红椒50克，干辣椒2克，剁椒30克，花椒、姜片、蒜末、葱白各少许

🥄 **调料** 盐4克，鸡粉3克，生粉、料酒、水淀粉、花椒油、辣椒油、郫县豆瓣、食用油各适量

📖 **做法**

❶ 红椒洗净切圈；牛蛙治净斩去蹼趾和头，切块。

❷ 牛蛙装入碗中，加入料酒、盐、鸡粉、生粉腌制。

❸ 锅中加入水烧开，倒入牛蛙，氽水捞出。

❹ 热油爆香姜片、蒜末、葱白、花椒、干辣椒。

❺ 倒入氽过水的牛蛙，炒匀。

❻ 倒入料酒、郫县豆瓣炒香，加入水煮沸。

❼ 调入辣椒油、剁椒、盐、鸡粉。

❽ 放入花椒油、红椒圈，加入水淀粉勾芡即成。

Part 6

凉菜类

凉菜，俗称冷荤或冷盘，风格独特，因食用时多数是吃凉的而得名。川味凉菜顺应时令，不断翻新花样，到如今，已经开发出了成千上万种特色美食，成为川菜中另一支旗帜鲜明的美食军团。川味凉菜选材广泛，每一种蔬菜、畜肉、禽蛋、水产都有机会被制作成各式各样的凉菜。川味凉菜能够保全大部分食材的营养成分，同时也能提供最贴近食材的本味，特别是在夏季，因为具有开胃解暑的您特点而广受欢迎。通过了解和学习本章的内容，您也可以在短时间内做出最美味且正宗的川味凉菜。

笋丝鱼腥草

材料 莴笋150克,鱼腥草100克,红椒15克,蒜末20克

调料 盐3克,食用油、味精、白糖、辣椒油、花椒油、芝麻油各适量

做法

❶ 将鱼腥草洗净,切成段。

❷ 莴笋、红椒均洗净切丝。

❸ 锅中注入水烧开,加入盐、食用油,倒入莴笋丝,煮熟捞出。

❹ 倒入鱼腥草段,煮熟捞出。

❺ 鱼腥草段、莴笋丝、蒜末、红椒丝装入碗中。

❻ 放入适量盐、味精、白糖。

❼ 加入少许辣椒油、花椒油。

❽ 调入适量芝麻油拌匀即成。

凉拌鱼腥草

🌱 **材料** 鱼腥草150克，蒜末、青红椒丝、香菜叶各少许

🥄 **调料** 盐2克，味精、辣椒油、花椒油、芝麻油、食用油各适量

🍳 **做法**

❶ 鱼腥草洗净切段。

❷ 锅中加入水烧开，放入盐、食用油拌匀，倒入鱼腥草段。

❸ 煮沸后捞出鱼腥草，装入盘中。

❹ 鱼腥草段中加入盐、味精、蒜末、青红椒丝、香菜叶拌匀。

❺ 加入辣椒油、花椒油、芝麻油，搅拌均匀。

❻ 将鱼腥草腌制10分钟，盛入盘内即成。

💬 **制作指导** 凉拌时，可用花椒和辣椒炸香制成辣椒油，浇在鱼腥草上，减轻鱼腥草的腥味。

🍲 **营养功效** 鱼腥草有很高的营养价值，除含有蛋白质、脂肪、碳水化合物外，还含有鱼腥草素，具有抗菌抑菌的作用。

辣拌土豆丝

📋 **材料** 土豆200克，青椒20克，红椒15克，蒜末少许

🥄 **调料** 盐2克，味精、辣椒油、芝麻油、食用油各适量

🍳 **做法**

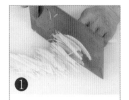

❶ 土豆去皮洗净切成丝；青椒、红椒均去籽，切丝。

❷ 锅中注入水烧开，加少许食用油、盐。

❸ 倒入土豆丝，拌匀，略煮。

❹ 倒入青椒丝和红椒丝，煮约2分钟至断生。

❺ 把煮好的材料捞出，装入碗中。

❻ 加入盐、味精、辣椒油、芝麻油。

❼ 用筷子将材料充分搅拌均匀。

❽ 将拌好的材料盛入盘中，撒上备好的蒜末即成。

凉拌土豆片

🌿 **材料** 土豆200克，红椒15克，白芝麻4克，蒜末、葱花各少许

🥄 **调料** 盐4克，鸡粉2克，辣椒油、芝麻油、食用油各适量

🍳 **做法**

❶ 土豆去皮洗净，切片；红椒洗净，去籽切块。

❷ 锅中加入适量清水烧开，加入少许盐、食用油。

❸ 放入土豆片，煮约2分钟。

❹ 加入红椒片焯煮片刻，捞出土豆片、红椒块，沥干。

❺ 将焯煮好的食材装入碗中，放入蒜末、葱花。

❻ 加入适量盐、鸡粉，淋入少许辣椒油，拌匀。

❼ 再倒入少许芝麻油，用筷子拌匀至入味。

❽ 拌好的土豆片盛出，撒上少许白芝麻即可。

香菜拌冬笋

材料　冬笋100克，香菜50克，胡萝卜丝、蒜末各少许

调料　盐、味精、生抽、芝麻油、辣椒油各适量

做法

❶ 将洗净的香菜切段；洗净的冬笋切成丝。

❷ 锅中水烧开，加入盐、胡萝卜丝、冬笋丝煮约1分钟至断生，捞出。

❸ 将胡萝卜丝、冬笋丝装入碗中，倒入切好的香菜段，加入盐、味精、生抽。

❹ 加入芝麻油、辣椒油拌至入味，盛入盘中，撒上蒜末即可。

制作指导

胡萝卜丝和冬笋丝焯水时间不宜过长，以免太熟，影响口感。

营养功效

香菜富含维生素C、胡萝卜素、矿物质等，与香菜一起食用可开胃醒脾。

豆腐丝拌黄瓜

材料　黄瓜150克，豆腐皮100克，胡萝卜丝、蒜末、葱花各少许

调料　盐、味精、鸡粉、花椒油、辣椒油、芝麻油、食用油各适量

做法

①黄瓜、豆腐皮均洗净切丝。

②锅中注入水，加入少许食用油烧开，倒入胡萝卜丝、豆腐皮丝焯熟，捞出。

③将胡萝卜丝和豆腐皮丝装入碗中，倒入黄瓜丝。

④加入蒜末，加入盐、味精、鸡粉、花椒油、辣椒油、芝麻油。

⑤用筷子拌匀，放入葱花即成。

制作指导

切豆腐皮时需要注意刀工，不仅要切细丝，而且还要切得整齐。

辣拌素鸡

材料　素鸡200克，红椒15克，蒜末、葱花各少许

调料　盐2克，鸡粉1克，生抽3毫升，辣椒油、芝麻油、食用油各适量

做法

①素鸡洗净切片；红椒切圈。

②锅中加入水烧开，加入盐、食用油拌匀。

③倒入素鸡片煮片刻，再加入红椒圈煮片刻，捞出焯好水的素鸡片和红椒圈，沥水。

④将素鸡片和红椒圈放入碗中，加入蒜末和葱花，加入盐、鸡粉、生抽，淋入辣椒油、芝麻油，用筷子拌匀即可。

制作指导

素鸡切片宜用斜刀切，这样能使素鸡更易入味。

红椒银芽

🍄 **材料** 黄豆芽150克，红椒15克，葱段10克

🥄 **调料** 盐3克，味精1克，白糖1克，陈醋10毫升，芝麻油、食用油各适量

🍳 **做法**

❶ 红椒洗净切开，去籽，切成丝。

❷ 锅中加入水烧开，加少许食用油，倒入洗净的黄豆芽，加入红椒丝。

❸ 加入葱段搅匀，煮片刻后，将材料捞出，装入碗中。

❹ 加入盐、味精、白糖、陈醋、芝麻油，拌匀，盛出装入盘中即成。

🔺 **制作指导**

煮黄豆芽时，要把握好时间，既保证黄豆芽熟透又不失其鲜嫩度。

🔺 **营养功效**

黄豆芽富含蛋白质、维生素、粗纤维，能乌发亮发、淡化雀斑。

凉拌马齿苋

材料 马齿苋300克，蒜末15克

调料 盐3克，鸡粉2克，生抽3毫升，芝麻油、食用油各适量

做法

①锅中加入水烧开，加入少许食用油。

②加入适量盐，放入洗净的马齿苋，煮约1分钟至熟。

③把马齿苋倒入碗中，加入蒜末。

④再加入适量的盐、鸡粉。

⑤调入适量的生抽、芝麻油，用筷子拌匀调味。

⑥将拌好的马齿苋盛出装入盘中即可。

制作指导

马齿苋不适宜焯烫太久，以免导致马齿苋的营养成分流失严重。

酸辣芹菜

材料 芹菜200克，红椒丝15克，蒜蓉10克

调料 辣椒油、陈醋、盐、味精、白糖、芝麻油各适量

做法

①将洗净的芹菜切段，装入盘中备用。

②锅中加入水烧热，加入少许盐，大火煮沸。

③放入芹菜段，焯煮至断生，捞出，沥干水分备用。

④芹菜放入盘中，加入红椒丝、蒜蓉。

⑤加入盐、味精、白糖，淋入辣椒油、陈醋，搅拌至入味。

⑥淋入芝麻油拌匀，装入盘中即成。

制作指导

将焯熟的芹菜捞出后过一遍凉水，可使芹菜的口感更加脆嫩。

风味豆角

材料 豆角250克，红椒15克，泡小米椒35克

调料 盐3克，鸡粉2克，食粉、生抽、芝麻油各适量

做法

❶ 泡小米椒切段，红椒洗净切圈，豆角洗净切段，均装入盘中备用。

❷ 锅中加入水烧开，加入食粉、豆角段、盐，煮至食材熟，捞出，装入碗中。

❸ 放入红椒圈、泡小米椒段，加入适量盐、鸡粉、生抽。

❹ 淋入芝麻油，用筷子拌至入味，盛出装入盘中即成。

制作指导

豆角煮好后要迅速过凉水，以保证成品的色泽翠绿。

营养功效

豆角含有蛋白质、钙、铁、维生素等营养成分，有消暑化湿的功效。

川味凉拌苦菊

材料 苦菊300克，蒜末、红椒丝各适量

调料 盐、鸡粉、白糖、白醋、辣椒油、花椒油、剁椒、生抽各适量

做法

①将洗净的苦菊切去根部。

②锅中注水烧开，装入碗中，使其自然冷却，放入苦菊浸泡5分钟，取出沥水。

③另拿碗，放入适量盐、鸡粉、白糖。

④加入蒜末、红椒丝。

⑤加入辣椒油、花椒油、剁椒、生抽、白醋，拌匀。

⑥放入苦菊，拌匀，倒入碗中即成。

制作指导

浸泡过的苦菊应沥干水分，否则，水分太多会影响其口感。

凉拌平菇

材料 平菇200克，香菜、蒜蓉各10克，红椒圈少许

调料 盐、味精、鸡精、捞拌汁、芝麻油、辣椒油各适量

做法

①平菇洗净切小瓣；香菜洗净切小段。

②锅中注入水烧沸，倒入平菇瓣煮熟，捞出。

③放入碗中，放入香菜段、蒜蓉。

④淋入捞拌汁，加入适量盐、味精、鸡精调味。

⑤倒入芝麻油、辣椒油，拌匀至入味。

⑥撒上红椒圈，拌匀，装入盘中即成。

制作指导

新鲜的平菇炒时出水分较多，易被炒老，所以烹制时须掌握好火候。

🌱 麻辣香干

🥬 材料 香干200克，红椒15克，葱花少许

🧂 调料 盐4克，鸡粉3克，生抽3毫升，食用油、辣椒油、花椒油各适量

👨‍🍳 做法

❶ 洗净的香干切1厘米厚片，再切条。

❷ 洗净的红椒切开，去籽，切成丝。

❸ 锅中加入清水烧开，加入少许食用油、盐、鸡粉。

❹ 倒入香干条，煮约2分钟至熟捞出。

❺ 将捞出的香干条装入碗中，加入切好的红椒丝。

❻ 加入盐、鸡粉，再倒入辣椒油。

❼ 淋入适量花椒油，加入少许生抽。

❽ 撒上准备好的葱花，用筷子拌匀即可。

蒜泥白肉

- **材料** 精五花肉300克，蒜泥30克，葱条、姜片、葱花各适量
- **调料** 盐3克，料酒、味精、辣椒油、酱油、芝麻油、花椒油各少许
- **做法**

① 锅中注入水烧热，放入精五花肉、葱条、姜片、料酒。

② 盖盖，用大火煮20分钟，关火，浸泡20分钟。

③ 将蒜泥中加入盐、味精、辣椒油、酱油、芝麻油、花椒油。

④ 将所有调料拌匀，制成味汁。

⑤ 精五花肉切成厚度均等的薄片，摆入盘中码好。

⑥ 浇入拌好的味汁，撒上葱花即成。

制作指导 五花肉煮至皮软后，关火使其在原汁中浸泡一段时间，这样会更易入味。

营养功效 猪肉含有丰富的蛋白质及脂肪、碳水化合物、钙、磷、铁等成分，有润肠胃、生津液、补肾气、解热毒的功效。

🌱 红油拌肚丝

📋 **材料** 熟猪肚200克，红椒丝、蒜末各少许

🥣 **调料** 盐3克，鸡粉1克，辣椒油、鲜露、生抽、味精、白糖、老抽、芝麻油各适量

▶ **做法**

❶ 锅中加入水烧开，加入少许鲜露，倒入洗净的熟猪肚。

❷ 加入生抽、味精、白糖、老抽，慢火将熟猪肚煮至入味，盛出，晾凉。

❸ 将熟猪肚切丝，装入碗中，加入红椒丝、蒜末、盐、鸡粉、辣椒油拌匀。

❹ 加入少许芝麻油，拌匀，装入盘中即成。

🔺 **制作指导**

猪肚内含有较多的黏液，需用盐、生粉反复揉捏搓匀，再用清水洗净。

🔥 **营养功效**

猪肚主要含有蛋白质和消化食物的各种消化酶，故具有消食化积的功效。

辣拌肚丝

材料 熟猪肚300克，青椒、红椒各20克，干辣椒5克，蒜末少许

调料 盐3克，鸡粉2克，陈醋、辣椒油、花椒油、食用油各适量

做法

①洗净的红椒、青椒切成圈；熟猪肚切成丝。

②用食用油起锅，倒入干辣椒、蒜末爆香。

③倒入青椒圈、红椒圈，炒香。

④淋入辣椒油、花椒油，拌炒均匀。

⑤加入适量陈醋、盐、鸡粉，炒匀，制成调味料。

⑥将熟猪肚丝盛入碗内，倒入调味料，拌至入味，盛出装入盘中即可。

制作指导

制作熟猪肚，煮时应该用大火，不应用小火，这样才能使猪肚膨胀增大。

酸菜拌肚丝

材料 熟猪肚150克，酸菜200克，青椒20克，红椒15克，蒜末少许

调料 盐2克，鸡粉、生抽、芝麻油、食用油各适量

做法

①酸菜洗净切碎；青椒、红椒均洗净，去籽切丝；熟猪肚切成丝。

②锅中加入水烧开，加入食用油，倒入酸菜，煮1分钟。

③加入青椒丝、红椒丝，煮约半分钟，捞出。

④取一个干净的玻璃碗，倒入煮好的酸菜、青椒丝、红椒丝。

⑤倒入熟猪肚丝，加入蒜末、盐、鸡粉，淋入生抽、芝麻油，拌匀即可。

制作指导

拌酸菜时，可加入如青椒、红椒、香菜等富含维生素C的食物，使得菜肴更有营养。

芝麻拌猪耳

材料 卤猪耳350克，白芝麻3克，葱花少许

调料 盐3克，鸡粉1克，陈醋、辣椒油、芝麻油、生抽各适量

做法

❶ 将卤猪耳切成片，装在盘中备用。

❷ 炒锅置于火上，烧热，倒入白芝麻。

❸ 炒出香味，改用小火炒至熟，盛出。

❹ 取一个干净的空碗，放入切好的猪耳。

❺ 加入盐、生抽、鸡粉。

❻ 倒入适量辣椒油、陈醋。

❼ 淋上少许芝麻油，撒入备好的白芝麻、葱花。

❽ 拌约1分钟至入味，盛出，装入盘中即可。

🌿 老干妈拌猪肝

材料 卤猪肝100克，老干妈10克，红椒10克，葱花少许

调料 盐3克，味精2克，生抽、辣椒油各适量

做法

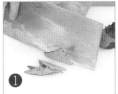

❶ 将卤猪肝切薄片，装入碗中。

❷ 将洗净的红椒切开，去籽，切成丝。

❸ 在装有卤猪肝片的碗中加入红椒丝。

❹ 加入老干妈，撒上少许葱花。

❺ 加入少许盐、味精、生抽，拌匀。

❻ 淋入少许辣椒油，拌匀，装入盘中即成。

制作指导 制作此菜时，加入少许香油，味道更加鲜香。

营养功效 猪肝富含维生素A、铁、锌、铜等成分，有补血健脾、养肝明目的功效，可用于防治贫血、头昏、视力模糊等病症。

酸辣腰花

材料 猪腰200克，蒜末、青椒末、红椒末、葱花各少许

调料 盐5克，味精2克，料酒、辣椒油、陈醋、白糖、生粉各适量

做法

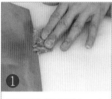

❶ 猪腰洗净切半，去筋膜，切花刀，改切片。

❷ 将切好的腰花装入碗中，加入适量料酒、味精、盐。

❸ 加入生粉，拌匀，腌制10分钟。

❹ 锅中加入清水烧开，倒入猪腰花片，煮约1分钟至熟。

❺ 将猪腰花片捞出，盛入碗中。

❻ 加入盐、味精，再加入辣椒油、陈醋。

❼ 加入白糖、蒜末、葱花、青椒末、红椒末。

❽ 将猪腰花片和调料拌匀，装入盘中即可。

🌱 蒜泥腰花

➤ 材料 猪腰300克，蒜末、葱花各少许

🥄 调料 盐3克，味精1克，芝麻油、生抽、白醋、料酒各适量

🍲 做法

❶ 猪腰洗净去筋膜，切片，放入清水中，加白醋洗净。

❷ 猪腰花片中加入料酒、盐、味精拌匀，腌制10分钟。

❸ 锅中加入水烧开，放入猪腰花片、料酒，煮熟捞出。

❹ 将腰花盛入碗中，加入少许芝麻油拌匀。

❺ 调入生抽、蒜末、葱花，搅拌均匀。

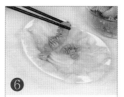

❻ 将拌好的猪腰花片摆入盘中，浇上碗中的味汁即可。

💬 制作指导 猪腰的白色纤维膜内有肾上腺，它富含皮质激素和髓质激素，烹饪前必须清除。

💬 营养功效 猪腰含有蛋白质、脂肪、碳水化合物等营养成分，具有补肾气、通膀胱、消积滞、止消渴等功效。

红油猪口条

🔴 **材料** 猪舌300克，蒜末、葱花各少许

🔵 **调料** 盐3克，辣椒油10毫升，生抽10毫升，芝麻油、老抽、鸡粉、料酒各适量

🔵 **做法**

❶ 锅中加入水烧热，放入洗净的猪舌、鸡粉、盐、料酒、老抽、生抽拌匀。

❷ 大火烧开，转小火煮15分钟，捞出猪舌，刮去外膜，将猪舌切成片。

❸ 猪舌片装入碗中，加入适量盐、鸡粉、生抽，放入蒜末。

❹ 加入辣椒油、芝麻油，拌至入味，加入葱花拌匀，摆入盘中即可。

制作指导
辣椒油可依个人口味添加，但不宜过多，以免掩盖猪舌本身的味道。

营养功效
猪舌含有蛋白质、碳水化合物、维生素A等元素，有益气补血的功效。

黄瓜拌猪耳

材料 猪耳1只，黄瓜60克，姜片、葱段各少许，蒜末10克，朝天椒末8克

调料 盐3克，白糖2克，味精2克，辣椒油、花椒油各5毫升，卤水1000毫升，老抽适量

做法

①黄瓜洗净切片；锅中注入水，放入猪耳汆水，捞出洗净。

②将卤水倒入锅中，放入姜片、葱段、猪耳、老抽、盐拌匀。

③放入猪耳卤30分钟，关火，浸泡20分钟，捞出晾凉。

④将猪耳切片装入碗中，加入蒜末、朝天椒末、黄瓜片，加入盐、白糖、味精、辣椒油、花椒油拌匀即成。

制作指导

猪耳汆水时，倒入少许食粉，可以将猪耳清洗得更干净以及减少其异味。

泡椒拌猪耳

材料 卤猪耳200克，泡椒80克，香菜、小米椒各适量

调料 盐2克，白糖、芝麻油、辣椒油各适量

做法

①把泡椒切碎；洗净的小米椒切小段；洗净的香菜切成段；卤猪耳切成薄片。

②将切好的卤猪耳片放入碗中。

③倒入泡椒、香菜段、小米椒。

④加入适量盐、白糖。

⑤再倒入适量芝麻油、辣椒油。

⑥拌至入味，将拌好的猪耳盛出，装入盘中即成。

制作指导

往此菜品中加入少许蒜蓉拌匀，不仅能消除卤猪耳的异味，还能增添菜品风味。

 姜汁牛肉

📖 **材料** 卤牛肉100克，姜末15克，辣椒粉、葱花各少许

🥄 **调料** 盐3克，生抽6毫升，陈醋7毫升，鸡粉、芝麻油、辣椒油各适量

🍽 **做法**

❶ 将卤牛肉切成片。

❷ 把切好的牛肉片摆入盘中。

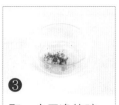
❸ 取一个干净的碗，倒入姜末、辣椒粉。

❹ 放入少许葱花。

❺ 加入适量盐、陈醋、鸡粉。

❻ 加入少许生抽、辣椒油，再倒入少许芝麻油。

❼ 加入少许开水用勺子搅拌匀。

❽ 将拌好的调味料浇在牛肉片上即可。

炝拌牛肉丝

🍲 材料　卤牛肉100克，莴笋100克，红椒15克，白芝麻3克，蒜末少许

🥄 调料　盐3克，鸡粉2克，生抽8毫升，花椒油、芝麻油、食用油各适量

🥢 做法

❶ 卤牛肉切丝；莴笋去皮洗净切丝；红椒洗净切粒。

❷ 锅中加水烧开，加食用油、盐、莴笋，氽水捞出。

❸ 取一个干净的碗，倒入牛肉丝、莴笋、蒜末、红椒粒。

❹ 加入鸡粉、盐、生抽、花椒油、芝麻油。

❺ 用筷子拌约1分钟至入味。

❻ 将拌好的材料倒入盘中，撒上白芝麻即成。

🔺 制作指导　焯煮莴笋丝时要注意，焯的时间过长、温度过高，会使莴笋丝绵软，失去爽脆口感。

🍀 营养功效　莴笋具有促进消化、增进食欲的作用，经常食用有助于消除紧张情绪，帮助睡眠。

米椒拌牛肚

材料 牛肚条200克，泡小米椒45克，蒜末、葱花各少许

调料 盐、鸡粉各4克，辣椒油4毫升，料酒10毫升，生抽、芝麻油、花椒油各适量

做法

❶ 锅中注入适量清水，烧开，倒入切好的牛肚条。

❷ 淋入适量料酒、生抽，放入少许盐、鸡粉，搅拌均匀。

❸ 盖盖，小火煮1小时，至牛肚条熟透。

❹ 揭开盖，捞出煮好的牛肚条，沥干水分，备用。

❺ 将牛肚条装入碗中，加入泡小米椒、蒜末、葱花。

❻ 放入少许盐、鸡粉，淋入辣椒油、芝麻油、花椒油。

❼ 将所有材料拌匀，至食材入味。

❽ 将拌好的牛肚条装入盘中即可。

🌿 夫妻肺片

材料 熟牛肉80克，熟牛蹄筋150克，熟牛肚150克，青椒、红椒各15克，蒜末、葱花各少许

调料 生抽3毫升，陈醋、辣椒酱、老卤水、辣椒油、芝麻油各适量

做法

①将老卤水煮沸，放入牛肉、牛蹄筋、牛肚，煮15分钟，捞出。

②将洗净的青椒切成粒；将洗净的红椒切成粒。

③将卤好的熟牛蹄筋切小块；熟牛肉切片；熟牛肚切片。

④熟牛肉片、熟牛肚片、熟牛蹄筋块装入碗中。

⑤倒入陈醋、生抽、辣椒酱、老卤水、辣椒油、芝麻油，拌匀。

⑥将拌好的材料盛入盘中即可。

🔺**制作指导** 牛筋、牛肚韧性大，在切时不宜切得太大，以免食用时久嚼不烂。

🔺**营养功效** 牛肚即牛胃，含有蛋白质、脂肪、钙、磷、铁等营养物质，具有补益脾胃、补气养血、补虚益精、消渴之功效。

凉拌牛肚

材料 卤牛肚300克，蒜末、姜末各10克，熟芝麻、葱花各少许

调料 花椒油、辣椒油、陈醋、盐、味精、白糖、芝麻油各适量

做法

❶ 把卤牛肚切成薄片，放入盘中，码放整齐。

❷ 取一小碗，放入蒜末、姜末，倒入适量花椒油、辣椒油、陈醋。

❸ 加入少许盐、味精、白糖，淋入芝麻油，搅拌均匀，制成凉拌汁。

❹ 将凉拌汁均匀地浇在卤牛肚片上，撒上熟芝麻和葱花即成。

制作指导

凉拌汁中加陈醋，能够给菜品增香，但不宜加太多，以免影响口感。

营养功效

牛肚富含蛋白质、脂肪、钙、磷、铁等营养元素，有补脾开胃的功效。

🥗 凉拌牛蹄筋

材料 熟牛蹄筋200克，蒜末10克，香菜末、红椒末各少许

调料 盐3克，白糖2克，味精、鸡粉、生抽、葱油、芝麻油各适量

做法

①熟牛蹄筋切成段，装入盘中备用。

②放入红椒末、蒜末，再放入香菜末。

③加味精、盐、白糖、鸡粉。

④再加入生抽，用筷子拌匀至入味。

⑤淋入少许葱油，用筷子拌均匀。

⑥倒入少许芝麻油，搅拌均匀，装入盘中即可。

制作指导

拌制牛蹄筋时，加入少许食醋，这样菜肴的味道会更加鲜香。

🥗 蒜香牛蹄筋

材料 熟牛蹄筋300克，蒜末10克，葱花、红椒末各少许

调料 盐、味精、蒜油、生抽各适量

做法

①将熟牛蹄筋切成块，放入碗中。

②加入少许盐，倒入适量味精。

③放入准备好的蒜末、葱花、红椒末。

④倒入适量的蒜油。

⑤用筷子将材料充分拌匀。

⑥加入适量生抽，拌匀提味，盛出，装入盘中即成。

制作指导

牛筋用香料包煮熟后过凉水，不仅能去除牛蹄筋的腥味，也能增加牛蹄筋的紧实口感。

麻辣牛心

🍄 **材料** 熟牛心200克，青椒、红椒各15克，蒜末、葱花各少许

🫙 **调料** 盐2克，鸡粉、芝麻油、花椒油、辣椒油各适量

🍲 **做法**

❶ 洗净的红椒切圈。

❷ 洗净的青椒切圈。

❸ 熟牛心切成薄片。

❹ 将熟牛心片倒入碗中，加入蒜末、葱花。

❺ 放入青椒圈、红椒圈。

❻ 倒入少许辣椒油、花椒油、芝麻油。

❼ 加入适量盐、鸡粉拌匀至入味。

❽ 将拌好的熟牛心片装入盘中即可。

🌱 红油牛百叶

🔖 材料 牛百叶350克，香菜25克，蒜蓉、红椒丝各少许

🍶 调料 辣椒油、盐、味精、陈醋、芝麻油、食用油各适量

🍲 做法

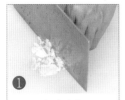

❶ 牛百叶洗净切片；香菜洗净切碎。

❷ 锅中倒入适量清水，加入少许食用油烧开。

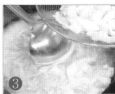

❸ 加入盐、牛百叶拌匀，氽熟，捞出装入碗中。

❹ 将蒜蓉、红椒丝、香菜碎倒入碗中。

❺ 加入适量辣椒油、味精搅拌匀。

❻ 倒入少许陈醋、芝麻油，搅拌均匀即成。

🔺 制作指导 烹煮牛百叶时，以水温80℃入锅最合适，烹煮时间不宜过长，否则会影响成菜口感。

🔺 营养功效 牛百叶营养相当丰富，蛋白质、脂肪含量高，具有补益脾胃、补气养虚、补血养身的功效。

蒜香羊肉

材料 卤羊肉200克，红椒7克，蒜末20克，葱花少许

调料 盐2克，鸡粉、陈醋、生抽、芝麻油各适量

做法

❶ 把洗净的红椒切成细圈。

❷ 将卤羊肉切成薄片，倒入碗中。

❸ 在卤羊肉片中加入切好的红椒圈。

❹ 放入备好的蒜末、葱花，加入适量盐、鸡粉。

❺ 淋上适量的陈醋、生抽。

❻ 倒上少许芝麻油。

❼ 拌约1分钟至食材入味。

❽ 将拌好的食材盛入盘中，摆好即成。

香菜拌黄喉

🌱 **材料** 熟黄喉150克，香菜碎20克，蒜末10克

🥄 **调料** 盐3克，鸡粉2克，生抽3毫升，陈醋5毫升，辣椒油少许

⚫ **做法**

❶ 把熟黄喉切开，再切成薄片；洗净的香菜切成段。

❷ 把熟黄喉片放入碗中，加入香菜段。

❸ 放入蒜末，加入适量鸡粉、盐。

❹ 淋上少许生抽，加入适量陈醋。

❺ 再放入适量辣椒油，拌约1分钟至入味。

❻ 将拌好的食材盛入盘中即成。

🔺 **制作指导** 黄喉两头有少量骨节和筋膜，烹饪前一定要去除，否则会严重影响其口感。

🍴 **营养功效** 黄喉的营养价值较高，富含蛋白质、铁等营养物质，其中的蛋白质很容易被人体吸收，有促进人体新陈代谢的功效。

🌱 皮蛋拌鸡肉丝

📋 **材料** 皮蛋2个，鸡胸肉300克，蒜末、香菜段各少许

🧂 **调料** 盐3克，味精1克，白糖5克，生抽、陈醋、芝麻油、辣椒油各适量

🍳 **做法**

❶ 锅中加入水，放入洗净的皮蛋、鸡胸肉。

❷ 加盖焖15分钟，取出鸡胸肉、皮蛋。

❸ 将皮蛋剥壳，先切瓣，再切丁。

❹ 将鸡胸肉撕成丝，装入碗中。

❺ 鸡胸肉丝中加入盐、味精、白糖拌匀。

❻ 再加入蒜末搅拌。

❼ 倒入切好的皮蛋丁、香菜段。

❽ 加入生抽、陈醋、芝麻油、辣椒油拌匀，装入盘中即可。

麻酱拌鸡丝

材料 鸡胸肉200克，生姜30克，红椒15克，葱10克

调料 盐3克，鸡粉1克，芝麻酱10克，芝麻油、料酒各适量

做法

❶ 锅中加入水烧开，放入鸡胸肉、料酒烧开，煮熟捞出。

❷ 生姜去皮，洗净切丝；葱、红椒均洗净切丝；鸡胸肉撕丝。

❸ 鸡胸肉丝装入碗中，加入红椒丝、生姜丝、葱丝。

❹ 加入盐、鸡粉、芝麻酱，搅拌至入味。

❺ 将拌好的鸡胸肉丝装入盘中。

❻ 淋入少许芝麻油，搅拌均匀即成。

制作指导 鸡胸肉煮熟捞出后可放入冰水中浸泡，让其迅速冷却，可使肉质更滑嫩。

营养功效 鸡胸肉富含蛋白质、脂肪、B族维生素、钙、钾、磷等营养物质，具有温中益气、补精填髓、益五脏、补虚损的功效。

凉拌鸡肝

🔸 **材料** 熟鸡肝150克，红椒15克，蒜末、葱花各少许

🔹 **调料** 盐3克，鸡粉少许，生抽、辣椒油各5毫升

🔸 **做法**

❶ 将熟鸡肝切成片，装入盘中备用。

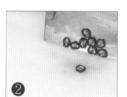

❷ 将洗净的红椒切成圈，备用。

❸ 把熟鸡肝片倒入碗中。

❹ 加入红椒圈，蒜末、葱花。

❺ 加入盐、鸡粉。

❻ 淋入适量生抽、辣椒油。

❼ 用筷子拌匀调味。

❽ 将拌好的熟鸡肝片盛出装入盘中即可。

🌱 香芹拌鸭肠

🔄 **材料** 熟鸭肠150克，红椒15克，芹菜70克

🔵 **调料** 盐3克，生抽3毫升，陈醋5毫升，鸡粉2克，芝麻油适量，食用油少许

🔵 **做法**

① 芹菜洗净切段；红椒洗净切丝；熟鸭肠切段。

② 锅中注水烧开，加入食用油、熟鸭肠段氽水捞出。

③ 倒入芹菜段、红椒丝，焯煮至熟，捞出沥干，备用。

④ 将芹菜段、红椒丝装入碗中，放入熟鸭肠段、生抽、陈醋。

⑤ 加入盐、鸡粉，淋上少许芝麻油。

⑥ 拌匀至入味，盛入盘中即可。

🔺 **制作指导** 在切红椒时，先将刀在冷水中蘸一下，再切就不会辣眼睛了。

🔵 **营养功效** 鸭肠富含蛋白质、维生素A、B族维生素、维生素C和钙、铁等营养元素，常食鸭肠能提高人体免疫力。